区域生态系统服务功能及生态资源资产价值评估

——以秦皇岛市为例

赵忠宝　李克国　等 编著

中国环境出版集团·北京

图书在版编目（CIP）数据

区域生态系统服务功能及生态资源资产价值评估：以秦皇岛市为例/赵忠宝等编著. —北京：中国环境出版集团，2020.1

ISBN 978-7-5111-4284-9

Ⅰ. ①区… Ⅱ. ①赵… Ⅲ. ①区域生态环境—生态环境建设—服务功能—秦皇岛②区域生态环境—环境生态评价—秦皇岛 Ⅳ. ①X321.222.3

中国版本图书馆 CIP 数据核字（2020）第 020507 号

出 版 人 武德凯
责任编辑 殷玉婷 沈 建
责任校对 任 丽
封面设计 艺友品牌

出版发行 中国环境出版集团
（100062 北京市东城区广渠门内大街 16 号）
网 址：http://www.cesp.com.cn
电子邮箱：bjgl@cesp.com.cn
联系电话：010-67112765（编辑管理部）
发行热线：010-67125803，010-67113405（传真）
印 刷 北京中科印刷有限公司
经 销 各地新华书店
版 次 2020 年 1 月第 1 版
印 次 2020 年 1 月第 1 次印刷
开 本 787×960 1/16
印 张 15
字 数 256 千字
定 价 50.00 元

编 委 会

前　言

自工业革命以来，人类社会在发展经济、追求GDP增长的同时，忽略了对资源的可持续开发利用和生态环境的保护，从而带来了一系列的生态破坏、资源短缺等相关问题，已严重影响了人类社会的可持续发展。为了实施可持续发展战略，摸清人类社会现有的自然资源存量以及资源消耗速度，越来越多的科研工作者、国际社会组织和政府部门等开始关注自然生态系统的服务功能、资源资产的核算以及价值评估等研究。1992年，联合国在人类环境与发展大会上建议各国尽早实施环境经济核算，并颁布了 SEEA-1993、SEEA-2000、SEEA-2003、SEEA-2012四个版本的环境与经济综合核算体系。另外，联合国于2001年发起了《千年生态系统评估》国际合作项目，进一步明确了生态系统评估的理论框架、指标体系与评估方法。与此同时，欧盟统计局编写了《欧洲森林环境与经济核算框架》（IEEAF-2002）、联合国粮农组织编写了《林业环境与经济核算指南》（FAO-2004），以上国际规范和指南推动了全球范围内环境经济的核算工作，促进了全球范围内自然资源的保护、开发利用与经济的协调发展。

我国是开展环境经济核算较早的国家之一。国家环保部门于1980年组织开展了环境污染损失以及生态破坏损失的估算研究，并于1990年完成了《中国典型生态区生态破坏经济损失及其计算方法》的研究。2004年，由国家林业局和国家统计局联合开展了《绿色国民经济框架下的中国森林核算研究》，并建立了较为完善的森林资源核算体系，为我国森林资源的价值核算奠定了基础。2008年国家林业局颁布了《森林生态系统服务功能评估规范》，推动了我国森林生态系统服务功能评估的理论与实践研究。2017年中国“自然资本核算及生态系统服务估价”项目正式启动，并选取广西、贵州作为实施试点。该项目是在欧盟资助下，由联合国统计司和联合国环境规划署发起，中国国家统计局牵头实施的为期3年（2017年

11月至2020年11月）的工作计划，旨在从国家层面探索编制实物量和价值量自然资源资产负债表提供技术支持。

中国经济经过40多年的高速发展，取得举世瞩目成就的同时也带来了严重的生态环境问题，进而影响中国经济社会的可持续发展。党的十八大以来，党中央把生态环境保护工作提到前所未有的战略高度。党的十八届三中全会明确提出了“健全自然资源资产产权制度和用途管制制度”和“探索编制自然资源资产负债表，对领导干部实行自然资源资产离任审计”。随后国务院出台了《关于全民所有自然资源资产有偿使用制度改革的指导意见》等一系列顶层设计文件，这标志着我国自然资源核算和资产负债表研究从学术型研究转变为国家战略、制度研究，对推动我国生态文明制度建设具有重要意义。

秦皇岛市是我国著名的旅游城市，北依燕山，南临渤海，地理位置独特，生态环境条件优越，自然资源丰富，先后获得“全国文明城市”和“国家森林城市”等称号。历届市委、市政府高度重视生态环境建设与保护工作，树立起“绿水青山就是金山银山”的发展理念，以生态立市为指引，积极探索生态文明建设的“秦皇岛模式”。2015年12月，受秦皇岛市委、市政府的委托，河北环境工程学院启动了重点咨询项目“秦皇岛市自然生态价值评估及利用保护对策研究”（QHYZB-2016），本书是该项目的重要成果之一。在项目执行过程中得到了中国科学院地理科学与资源研究所、中国环境科学研究院等单位专家、学者的指导，在此表示衷心的感谢。

本书是在系统总结国内外生态服务价值评估与生态资产核算研究的基础上，结合秦皇岛市的自然资源特征，借助“3S”技术手段，科学构建生态服务价值评估指标体系，重点评估了海洋、森林、湿地、农田四大生态系统的存量和流量价值，摸清了秦皇岛市生态资产家底，并从生态补偿、生态保护和可持续利用等方面提出了相应的对策。

本书的理论基础、指标体系、核算方法对相关研究具有一定的参考价值，可作为从事自然资源管理部门工作人员、科研与教学工作人员及其他相关人员的参考用书。

本书共9章，由李克国、赵忠宝负责总体设计，并负责书稿的统稿与修订，孔繁德负责审阅。各章编写分工如下：

1 生态系统服务功能与生态资源资产概述 赵忠宝、魏建梅、李克国
2 生态资源资产价值评估理论、指标体系与方法 柏祥、赵忠宝、郝英君
3 秦皇岛市基本概况 赵忠宝、魏建梅
4 海洋生态服务功能及资源资产价值评估 柏祥
5 森林生态服务功能及资源资产价值评估 赵忠宝
6 湿地生态服务功能及资源资产价值评估 郝英君、赵忠宝
7 农田生态服务功能及资源资产价值评估 刘小丹
8 秦皇岛市生态资源资产时空变化分析 刘小丹
9 秦皇岛市生态服务功能面临的问题与对策建议 刘小丹、李克国

由于编者水平有限，难免存在不当及谬误之处，敬请广大读者批评指正，以便进一步修改与完善。

编者

2019 年 9 月

目　录

1 生态系统服务功能与生态资源资产概述

1.1 生态系统服务功能概述

自20世纪70年代起，生态系统服务功能开始成为一个科学术语及生态学与生态经济学研究的分支，并逐渐成为学术界研究的热点，受到普遍关注。近年来，各国相关领域专家从多方面对生态系统服务功能开展了综合研究，包括生态系统服务功能概念、特征、分类、机理、评价等方面。

1.1.1 生态系统服务功能的概念

1981年Ehrlich首次提出生态系统服务功能的概念，但是到目前为止还没有统一的概念（Wallace，2007）。其中比较有代表性的是Daily和Costanza等学者对生态服务功能的定义。Daily于1997年出版的*Natures Services: Societal Dependence on Natural Ecosystems*一书中，对生态系统服务功能的内涵、定义和分类等进行了详细阐述。Daily认为，生态系统服务功能是指通过自然生态系统及其物种维持和满足人类生存、维持生物多样性和生产生态系统的产品（如海产品、木材、牧草、生物燃料等）而提供的一系列的条件和过程。Costanza等（1997）用生态系统产品（如食物、木材、纤维等）和服务（如环境消纳废物、涵养水源、调节气候等）表示人类从生态系统功能中直接或间接获得的收益，生态系统服务功能是为人类提供各种产品和服务的基础，并于同年在*Nature*杂志上发表了*The Value of the world's ecosystem services and natural capital*一文，对后来学者研究生态系统服务功能产生了较大影响。Groot等（2002）探讨了生态系统功能与生态系统产品和服务概念之间的关系，并将生态系统服务功能定义为自然过程及其组成部分提供产品和服务，从而满足人类直接或间接需要的能力。2003 年，联合国《千年生态系统评估》（Millennium Ecosystem Assessment，MA）综合了以上定义，提出：生态系统服务功能是人们从生态系统（自然和人工生态系统）获取的效益，包含了生态系统为人类提供的直接的和间接的、有形的和无形的效益，目前该定义被广泛接受。

20 世纪 90 年代，我国学者开始对生态系统服务功能的概念进行译释和定义。董全（1999）将生态系统服务功能定义为自然生物过程产生和维持的环境资源方面的条件和服务。欧阳志云等（1999，2000）认为生态系统服务功能是指生态系统与生态过程所形成及所维持的人类赖以生存的自然环境条件与效用。谢高地等（2001）认为生态系统服务功能是通过生态系统的功能直接或间接得到的产品和服务。李文华（2008）认为生态系统服务功能是人类从生态系统中（自然生态系统和人造生态系统）获取的直接的和间接的、有形的和无形的效益。

综上所述，虽然生态系统服务功能尚未形成比较系统且统一的概念，但不同学者对其概念的理解本质是一致的，所表达的意思是相同的，即生态系统服务功能是指生态系统及其组成为人类及其他生物的生存和发展提供的各种直接的和间接的、有形的和无形的生态产品和服务。

1.1.2　生态系统服务功能的分类

生态系统提供的服务功能多种多样，相互之间又存在着错综复杂的关系。根据不同的定义和标准，为了便于分析与评估，不同学者和组织机构对生态系统服务功能进行了分类，其中比较有代表性的分类见表 1-1。

随着人类对生态系统服务功能研究和认识程度的不断深入，分类方法也在不断演变。在以上分类中，学术界广泛接受的是 MA 的 4 类 23 项分类法。该分类方法主要依据人类获得效益的关系，将生态系统服务功能分为供给服务、调节服务、文化服务和支持服务 4 大类。该分类较为直观，但是在此分类体系中不同类别的生态系统服务会出现重叠，例如 O_2 的产生既是调节服务，也是支持服务（肖生美等，2012）。

表 1-1 生态系统服务功能分类

研究者或机构	分类
Constanza（1997）	17 项分类法：大气调节、气候调节、干扰调节、水量调节、水资源保持、侵蚀与沉积物滞留控制、土壤保持、土壤形成、营养元素循环、废物处理、授粉、生物量控制、栖息地、食物生产、原材料生产、基因资源、娱乐和文化
Daily（1997）	13 项分类法：大气和水的净化、洪涝干旱的缓解、废物的去毒和降解、土壤及肥力的形成和更新、作物蔬菜传粉、潜在农业害虫的控制、种子扩散和养分迁移、生物多样性维持、紫外线防护、气候稳定化、适当的温度范围和风力、多种文化和美学感受
欧阳志云和王如松（2000）	8 项分类法：有机质的生产与生态系统产品、生物多样性的产生与维持、调节气候、减轻洪涝与干旱灾害、土壤肥力的更新与维持、传粉与种子的扩散、有害生物的控制、环境净化
MA（2003）	4 类 23 项分类法：供给服务（粮食、淡水、纤维、生物化学物质、遗传资源）、调节服务（气候调节、控制疾病、调节水源、净化水源、调控害虫、授粉、调控自然灾害、调节侵蚀）、支持服务（土壤形成、养分循环、水循环、初级生产）、文化服务（精神与宗教、消遣旅游、美学、教育、地方感、文化遗产）
TEEB（The Economics of Ecosystems and Biodiversity）（2008）	4 类 22 项分类法：供给服务（食物、水、原材料、遗传资源、药用资源和观赏资源）、调节服务（空气质量调节、气候调节、缓和极端事件、水流量调节、废物处理、防侵蚀、保持土壤肥力和养分循环、授粉、生物防治）、栖息地服务（迁徙物种生命周期维护、基因多样性维护）、文化服务（美学信息，娱乐和旅游机会，文化、艺术和设计灵感，精神体验，认知发展信息）
张彪等（2010）	3 类 12 项分类法：物质产品生产服务（生活资料、生产资料）、生态安全维护服务（气候调节、大气调节、水文调节、水质净化、土壤保持、土壤保育、物种保护）、景观文化承载服务（景观游憩、精神历史、科研教育）

1.1.3 生态系统服务功能的特征

生态系统是由非生命环境和生物群落在演化进程中形成的复杂而开放的系统，它的服务功能有其自己的特征。其特征归纳为以下几点。

1.1.3.1 客观存在性

各类生态系统由一定的生物物种组成，具有一定的结构和功能，因而其服务功能并不依赖于评价的主体而存在，不是随着人们对它的评价而表现价值。相反，“它们并不需要人类，而人类却需要它们”。尽管一些生态系统服务功能和福利可以被人和有感觉能力的动物感知，另一些不被感知，但绝不表示感觉不到的服务就不存在，就没有意义。实际上在人类出现以前，自然生态系统就早已存在，在人类出现以后，生态系统服务功能就与人类的利益联系在了一起。

1.1.3.2 空间异质性和范围有限性

由于气候、地形地貌等自然条件的差异，形成了生态系统类型的多样性，其生态服务功能在种类、数量和重要性上存在很大的空间差异性。生态系统服务功能产生依赖特定物质载体和空间范围，是在一个特定地理区域内形成的，尽管会在一定程度上向外辐射，惠及其他区域甚至全球，但绝大部分的生态系统服务功能具有明显的地域特征，只在一定的空间范围内发挥作用。

1.1.3.3 整体有用性与用途多样性

生态系统服务不是单个或部分要素对人类社会有用，而是所有组成要素综合成生态系统之后才起作用。生态系统服务功能是建立在生态系统整体性基础上的，是其整体功能的发挥。同时，生态系统服务功能的种类是多样的，同一生态系统可以表现出较多的服务功能种类，但其功能的用途、大小等存在差异。

1.1.3.4 持续有用性与动态性

生态系统具有自然演替过程，受到自然或人为干扰后会发生相应变化，而且随着社会经济的发展，人们对生态系统服务功能的认识与评价也会发生变化。尽管生态系统服务功能随着生态系统的自然演替而发生变化，但一般来说，自然演替的过程比较缓慢，如果没有受到外部干扰，生态系统服务功能是可以长期存在和持续利用的。但是如果人类过度地或不合理地从生态系统中攫取某一类型的服务，就可能导致所有的生态系统服务功能减少甚至消失。

1.1.3.5 公共产品性与外部性

生态系统提供的生态产品和服务大部分具有很强的公共产品属性与外部性（如固碳释氧、净化大气等），而小部分属于非公共物品（粮食、原料和能源等）。公共产品具有消费的非竞争性和非排他性，这就决定了消费者不用付费或只需付少量的费用就可以消费它，往往会导致生态系统的过度消费和不合理利用，而带来各种生态问题。

1.1.4 生态系统服务功能研究进展

早在古希腊，柏拉图认识到雅典人民对森林的破坏导致了水土流失和水井的干涸。在中国，风水林的建设与保护也反映了人们对森林可以保护村庄与居住环境作用的朴素认识。近年来，经济的快速发展伴随着环境问题的日益严重，为了更好地进行环境保护和指导环境管理，国内外相关领域的学者开始关注环境生态系统服务功能的研究和价值评估，在生态系统服务功能和价值评估的理论和方法上积累了宝贵的经验，取得了许多研究进展。

1.1.4.1 国外研究进展

国外对生态系统服务功能的研究较早，从起步阶段对生态系统服务功能的认识和理解到对生态服务功能的价值评估研究和深入认知大致经历了三个阶段。

（1）认识和研究的理论基础阶段

18 世纪，法国科学家巴丰（Buffon）率先对人类经济活动对自然环境的作用开展了研究。19 世纪后期，许多学者从人与自然相互关系的角度探讨了以生物为主题的自然界与人类生存的关系。美国学者 George Marsh 可能是首次用文字记载生态系统服务功能的作用的人。1864 年，他在 *Man and Nature* 一书中写道：“由于受人类活动的巨大影响，地中海地区广阔的森林在山峰中消失了，肥沃的土壤被冲刷走了，肥沃的草地因灌溉水井枯竭而荒芜了，著名的河流因此而干涸了”。Marsh 意识到了自然生态系统具有保持水土、分解动植物尸体等服务功能，同时还指出，土壤、水和空气对人类而言都具有重要的生态功能，并提到人类行为将会对生存环境构成威胁。在这个时期，Fairfield Osborn 研究了生态系统对维持社会经济发展的意义，指出水、土壤、植物与动物是人类文明得以发展和人类赖以生存的条件和基础。

1866 年，德国学者 Haeckel 创建了生态学。20 世纪 20 年代，美国芝加哥学派创建了人类生态学，研究人类群体与其环境的相互作用。Mckenzie 创建了经济生态学，主张经济分析不能不考虑生态学过程。生态学的形成与发展对于认识生物及其组成的各种生命系统的功能起到了重要的推动作用。在 20 世纪初期的森林学、农学以及土壤学和地理学的著作中有着许多植被对环境影响的精辟论述。由于当时研究水平和技术手段的限制只能停留在定性描述阶段。

1936 年，Tansley 提出生态系统的概念，成为生态学发展的里程碑，同时也标志着以生态系统为基础的生态学研究已经形成了科学的体系，并从注重生态系统结构研究逐渐向关注生态系统功能的研究方向发展。

20 世纪 50 年代，美国生态学家 Odum 以能量分析为基础的定量方法为生态系统功能的研究提供了新的尝试。随着生态系统概念和理论的提出与发展促进了人们对生态系统结构与功能的深入认识和了解，并为人们研究生态系统服务功能提供了理论基础。

（2）重视研究和概念解析阶段

20 世纪后半叶，生态系统服务功能的研究进入了全新的发展阶段，成为生态学的一个重要研究方向。

1948 年，Fairfield Osborn 和 William Vogt 分别研究了生态系统对维持社会经济发展的意义，这是生态系统服务功能研究的开始。1949 年，美国新环境理论的创始者 Aldo Leopold 指出：土地伦理将人类从自然的统治者地位还原成为自然界的普通一员。这时已经开始认识到人类自己不可能替代生态系统服务功能，并注意到了生态系统的再循环服务功能。

20 世纪 40 年代，生态系统概念和理论的提出与发展促进了人们对生态系统结构与功能的认识及了解，并为人们研究生态系统服务功能提供了科学基础。1970

年，SCEP（*Study of Critical Environmental Problems*）在《Man's Impact on the Global Environment》报告中首次使用生态系统服务功能的“service”一词，并列出了自然生态系统对害虫控制、传粉、渔业、土壤形成、物质循环等的“环境服务功能”。

1974 年，Holdren 和 Ehrlich 将环境服务功能拓宽为“全球环境服务功能”，并在环境服务功能清单上增加了生态系统对土壤肥力和基因库的维持功能。后来逐渐演化出“生态系统公共服务”“自然服务功能”（Westman，1977）。20 世纪 70 年代，生态系统服务功能成为一个科学术语和生态学与生态经济学研究的分支。1981 年，Ehrlich 进一步明确了“生态系统服务”的概念。随后，“生态系统服务功能”这一术语逐渐为人们所公认和普遍使用。

1992 年，Ehrlich 提出生态系统服务功能概念，生态系统服务功能这一术语才逐渐为人们所公认和普遍使用，其内涵也得以明确。人们对生态系统服务功能的研究也开始系统化。1997 年，Daily 主编的 *Nature's Sevices：Societal Dependence on Natural Ecosystems* 出版，书中比较全面、系统、深入地研究了生态系统服务功能的各个方面，明确提出公认的生态系统服务功能的定义，即生态系统与生态过程所形成及所维持的人类赖以生存的自然环境条件与效用。这一看法得到人们的认可。

（3）多学科交叉融合阶段

20 世纪 90 年代以来，随着生态系统理论水平和实践能力的提高，生态系统服务功能的研究日益受到重视，生态系统服务功能及其价值评估的研究发展很快，成为生态学研究的一个热点。

1992 年，Gordon 在《自然服务》一书中论述了生态系统对人类生产生活带来的影响。1995 年，Turner 进行了生态系统服务功能经济价值评估的技术与方法的研究。1997 年，Daily 等在 *Nature's Sevices：Societal Dependence on Natural Ecosystems* 一书中探讨了生态系统服务功能的定义及其价值特性，以及生态系统服务功能与生物多样性之间的联系。此外，在这一时期，许多学者对生态系统服务功能的变化机制、分类及其价值评估与分类等方面进行了广泛而系统的研究，为生态系统服务功能的价值评估奠定了良好基础。特别是 1997 年 Costanza 等把大量分散在这一领域的研究加以总结，把生态系统的服务功能归纳为 17 种类型，分别按 10 种不同生物群区以货币的形式进行了测算，并根据生物群区的总面积推算出所有生物群区的服务价值，首次得出了全球生态系统每年的服务价值高达 33 万亿美元的结论，在科学界和决策领域引起了巨大的震动和反响，使人们不得不重新审视生态系统服务功能的价值。

联合国环境规划署（UNEP，1993）、经济合作与发展组织（OECD，1995）等国际组织也开展了生态系统服务功能评价，并出版了评价指南。2001 年，联合国环境规划署组织了来自 95 个国家的 1 360 名科学家启动了联合国《千年生态系统评估》，旨在为推动生态系统的保护和可持续利用、促进生态系统为满足人类需求所做的贡献而采取后续行动奠定科学基础。联合国《千年生态系评估》的开展，更加全面地探讨了生态系统服务功能的概念、生态系统服务功能与人类福利之间的关系、变化的驱动因子、评价尺度问题、评价技术与方法、评价过程中的分析方法以及评价结果与最终的政策制定，并广泛开展了案例研究。近几年，人们就森林、湿地、农田、草地、海洋等不同类型的生态系统服务功能的价值展开了较多研究，为生态系统服务功能及其价值评估提供了科学依据。

1.1.4.2 国内研究进展

我国虽然早在古代对生态系统服务功能就有了认识与实践，但是从科学的角度对生态系统服务功能的研究开展比较晚。不过近年来我国在这一领域研究进展较快，不仅对生态系统服务功能价值评估的理论与方法进行了研究与探索，而且还开展了大规模的生态系统服务价值评估案例实践研究，并取得了重要进展。在李文华总结的基础上归纳如下。

（1）感性认识实践阶段

这是一个漫长的历史时期，大体从我们的祖先在中国这块土地上出现，到新中国成立。人们在长期的生产和生活实践中，逐渐积累了生态系统对人类生存和社会发展支撑作用的宝贵经验，并对这些经验给予文字的记述（李文华和赵景柱，2004）。商代，甲骨文中已零星记载生物与环境的关系；先秦时期，人们对森林保持水土的作用有了认识上的萌芽（关传友，2004）；明清时期已普遍认识到了这种作用（樊宝敏和李智勇，2008）。在《国语》《周礼》《农政全书》《吕氏春秋》等中国古代文献以及古诗词中也有诸多记载，不过现在看来，这些认识和实践只是感性上的朴素认识和自觉行为。

（2）短期零散研究时期

新中国成立以后至20世纪80年代，是我国生态系统服务功能的短期零散研究阶段。尽管早在20世纪20年代，局部地区森林水文功能的研究就已开始（张增哲等，1988），不过直到新中国成立以后，一些科研、教学和有关部门才相继开展这方面的研究。20世纪50年代末60年代初，天然与人工生态系统结构与功能的定位观测受到重视（李文华和赵景柱，2004），1958年中国科学院在云南西双版纳建立了我国第一个生物地理群落定位站，一些科研单位和高等院校也结合各自需要，开展了小规模的定位研究。到20世纪60～70年代，我国大规模的农田防护林建设，实践积累了丰富的经验，一些科研工作者对局部地区农田防护林的防风效应、热力效应、水文效应、土壤改良效应以及农作物增产效应等开展了定量研究。而在20世纪80年代初，国内“以森林的作用”为中心的大讨论（黄秉维，1981），掀起了森林水文功能研究的热潮，森林与降水、径流、蒸发散、土壤水分、水源以及水量平衡的关系受到高度关注。同时国内也出现了森林资源综合效益的早期核算研究（张嘉宾，1982；翟中齐等，1982；宋宗水，1982；廖士义，1983）。不过整体来看，本阶段的研究主要侧重于森林生态系统服务物理量的分析与测定，研究内容不够全面，研究范围也限于特定的区域，属于零散、短期的研究。

（3）长期系统观测时期

20世纪80年代以后，我国生态系统结构与功能的定位观测开始向纵深发展。1988年中国科学院在原有生态系统定位观测站的基础上，开始筹建生态系统研究网络（CERN）。截至2005年，CERN的基础台站已达36个（冯林，2004），涵盖了全国具有代表性的农业、森林、草原、湖泊、海洋等生态系统类型。原国家林业局也根据需要独立组建了已有15个站入网的森林生态系统定位研究网络（CFERN）（李伟民等，2006）。这些大型长期生态学研究网络的建立，为我国生态学深入、定量和过程的研究提供了平台，而且在宏观尺度上为生态系统服务的网络化研究奠定了基础。

（4）理论全面评估时期

20世纪90年代以来，国内对深入认识生态系统的服务功能并量化其经济价值有了强烈的实际需求。受Costanza等学者研究成果的启发，国内生态学者开始对生态系统服务的价值评估进行探索与实践。我国学者对生态系统服务功能的研究早期主要是针对森林生态系统，后逐渐开展了草地、湿地、海洋、农田等生态系统服务功能的研究。尤其是王兵等学者起草的林业行业标准《森林生态系统服务功能评估规范》（LY/T 1721—2008）、陈尚等学者起草的海洋行业标准《海洋生态资本评估技术导则》（GB/T 28058—2011）、崔丽娟等学者起草的林业行业标准《湿地生态系统服务功能评估规范》（LY/T 2899—2017），标志着我国生态系统服务功能价值的评估进入了一个新的阶段。

森林生态系统服务功能价值评估方面比较有代表性的学者有薛达元（1999）、余新晓（2004）、赵同谦（2004）、王兵（2011，2016）等；草地生态系统服务功能价值评估方面有代表性的学者有谢高地（2001，2003a）、赵同谦（2004）、李琳（2016）、赵苗苗（2017）等；湿地生态服务功能价值评估比较有代表性的学者有辛琨和肖笃宁（2002）、赵同谦（2003）、崔丽娟（2004）、欧阳志云（2004）、陈鹏（2006）、刘向华（2009）、张彪（2017）等；海洋生态服务功能价值评估比较有代表性的学者有陈尚（2006）、李铁军（2007）、张朝晖（2008）、郭晶（2017）等；农田生态服务功能价值评估比较有代表性的学者有杨志新（2005）、唐衡（2008）、杨正勇（2009）、张微微（2012）、张东（2016）等；综合评估研究方面比较有代表性学者有欧阳志云（1998，1999，2004）、李文华（2002，2008）等。此外还有许多科学工作者也进行了卓有成效的研究实践，由于篇幅有限，此处不再一一叙述。

（5）理论与实践相结合时期

自“绿色青山就是金山银山”理念提出以来，我国有关生态系统服务功能价值的研究更注重理论与实践相结合。我国出台了“探索编制自然资源资产负债表”“对领导干部实行自然资源资产离任审计”等一系列顶层设计方案，并分批次在不同的城市进行了试点研究。当前研究从理论日益指向实践，尤其是指向为政府提供政策决策服务（张劲松，2018）。主要表现在：① 理论研究指向提供生态服务方有受偿意愿。近 10 年来全国性的生态文明建设、自然生态保护进展很快，无论是出于民生还是政绩，一些地方政府在退耕还林、退牧还草等生态建设过程中，与各类提供生态服务方打交道，生态服务供给方的受偿意愿直接关系到地方政府生态保护政策的落实。因此，许多学者为适应地方政府的需求，对生态服务提供方的受偿意愿做了深入的分析，使生态服务功能价值的研究与受偿方意愿挂起了钩，并以此为地方政府的生态文明建设提供决策参考。② 理论研究指向生态服务功能价值的评估及市场化的可能。在林业部门《森林生态系统服务功能评估规范》出台之后，全国各地方政府试图对提供生态服务的各类林地的保护或修复工程的服务功能价值评估，并在此基础上实现生态资本投入后的利润回收。这一需要大大促进了学术界的研究。③ 理论研究指向生态服务功能价值量化的影响因素及试图提出解决方案。由于生态服务功能具有公共产品属性，导致生态服务功能价值量化指标及影响因素的确定较为复杂和困难。

党的十八大之后，生态文明建设受到了前所未有的高度重视，国内许多地方制定了生态服务功能价值评估体系，将绿水青山量化为金山银山，将生态优势转化为发展优势，进一步推动了生态服务价值的理论与实践研究。

1.1.5 生态系统服务功能及其价值研究的重要意义

研究与实践表明，自然生态系统对于人类的生存与发展具有不可替代性，自然生态系统服务的质量和数量是决定人类生存与发展质量和前景的自然条件。随着环境问题的不断出现以及其对人类的影响不断增长，人类社会开始认识到维护和建设良性循环的自然生态系统就是在维护人类生存与发展的基础，同时生态系统服务功能在人类可持续发展中的重要作用也引起各界的高度关注。目前，运用多学科的交叉和融合，来精准描述、量化生态服务价值，提高公众重视生态系统服务的理念，是当今我国加强生态文明建设和可持续发展的迫切要求。因此，生态系统服务功能及其价值评估的研究具有重要的现实意义，主要表现在以下几个方面。

首先，生态系统服务功能及其价值定量研究可以促进生态资源价值观念的转变，提高环保意识。生态系统作为生命支持系统对人类的生活和生存做出了巨大贡献，但人们更多关注的是生态系统供给人类生存与发展的物质，而对生态系统的服务功能缺乏认识和关注，更谈不上对生态系统服务功能的定量认知。生态系统服务功能大多属于公共物品，其消费的非竞争性和非排他性决定了消费者不用付费或只需付少量的费用就可以消费它，往往会导致过度消费和不合理利用，甚至会使人们忽略了它们的存在，对自然资源也就缺乏有偿使用的观念，从而造成各种生态问题。所以，系统开展对生态系统服务的功能及其价值的评估研究，有利于提高公众对自然环境资源的定性和定量认识，促进人们将环境资源纳入生产成本中的价值观念的转变，意识到生态资源存在的必要性，约束自身的行为，重视对生态系统服务功能的有效保护和管理。

其次，生态系统服务功能及其价值研究有利于决策层对生态系统服务功能的正确认识和管理。目前，全球范围内60%以上的生态系统服务功能出现退化，极大地损害和威胁着人类自身的福祉，其主要原因之一就是对生态系统服务功能缺乏正确的认识和有效管理。面临频繁出现的环境问题，人们对生态系统服务功能的认识从过去限于知识层面逐渐发展到公众意识，生态系统服务功能开始影响到社会决策层面，社会各界开始关注其价值及其不可取代的特性。因此，加强对生态系统服务功能的界定和价值评价研究，有利于决策层在生态系统服务功能管理过程中正确地引导和规范人类活动，进而协调生态系统服务功能保护与社会经济发展之间的关系。

再次，生态系统服务功能及其价值研究有效地为生态补偿制度的制定和实施提供了依据。某个生态系统服务功能效益的受益者不一定是当地居民，这样就会产生生态系统服务功能利益分配的不公平。大多数当地居民的生活依赖于该生态系统的产品供给，但来自外界的力量剥夺了当地居民对自然资源的所有权或使用权。传统产业转变为资金和技术的密集型产业，生产的产品被运输出去获取更高的经济利益，而当地居民却无法从丰富的环境资源中获益，影响了他们的生活福祉。根据“谁受益，谁补偿；谁破坏，谁恢复”的原则，生态系统服务功能的受益者应该对保护者提供一定的生态补偿，以维护利益分配的公平，有利于生态保护和区域经济的协调发展。所以，实现对生态系统服务功能的定性评价和对其价值的定量评估，有助于衡量环境保护所带来的效益和确定生态补偿的数额，促进生态补偿制度的完善和有效实施。

最后，生态系统服务功能及其价值研究的意义还表现在有助于合理开展生态建设规划与管理。生态系统是人类赖以生存的物质基础，通过对生态系统服务功能的价值进行科学、全面、定量地评价，并使之与经济、社会信息结合在一起，不仅是改善人类福祉和进行生态保护和恢复的要求，而且为区域生态规划与开发提供科学的、可靠的依据，确保生态系统的功能区划的合理划分，完善生态建设规划。通过对生态系统服务功能价值评估，管理者能够对不同的管理措施进行有效比较，有助于采取有效的调控措施，保证生态系统为人类提供可持续的服务。

1.1.6 研究展望

生态系统是一个多要素、多变量以及结构复杂的功能多样的层级系统，各要素之间、人类与生态系统之间以及不同尺度的生态系统之间存在复杂的物质、能量和信息交换，这就导致人类对生态系统认识的局限性，存在许多需要不断研究和解决的问题。例如，① 缺乏定量、精准的描述和模拟，难以引入生态管理实践。尽管人们对生态系统进行了大量的评价与描述，但至今对生态系统的一些服务功能还无法进行评价和定量化的描述，诸如对生命价值、潜在服务价值的估计等。而且，人们虽然有一些方法可以对复杂的生态系统进行模拟，但也不能完全模拟多变的真实生态系统，加上研究尺度的差异，使研究手段难以在不同的生态系统间适用。近年来，虽然生态服务量化成果很多，但是仍未能实现其指向，自然生态监管制度总体设计未能将这些成果引入，而可操作的集成的生态服务量化成果缺乏。因此，不同角度研究、不同领域的研究成果，只有通过集成，汇集各自研究的优点，选择出一个最优的量化生态服务价值的方案，才能将成果研究的指向变成监管机构可用的操作方案与政策。没有实现集成，这是影响自然生态监管制度总体设计的生态服务量化的重要因素。② 公众认识和评价方法影响价值判断。生态服务作为公共物品，很容易被“搭便车”。目前对公共物品“搭便车”的现象主要通过政府监管机构强制性地施行，生态系统所具有的服务价值也基本上由上级政府予以补偿。公众对生态系统的认识不足直接影响对其服务功能真实的支付意愿和价值判断，不能真实反映生态系统的真实价值。不同学者间研究评价的指标和方法的不统一往往会导致评价结果存在很大差异，从而影响了评价结果的可信度。③ 重复计算问题。如果研究者对一些服务功能（如营养循环、水循环、土壤形成、初级生产力等）的内涵和范围没有清晰地界定，将会导致重复计算问题，会使评价结果偏离真实结果。④ 多学科交叉与合作问题。生态系统服务功能价值评价涉及多学科之间的交叉合作以及在决策应用中没有得到全面体现等问题。这些表明生态系统服务功能的研究需要克服各种主观、客观存在的限制因素，不断探索适宜的研究手段和方法，逐步完善对不同生态系统服务功能的研究。

针对上述问题，为了进一步推动生态系统服务功能应用实践，生态系统服务功能应进一步加强生态系统服务功能供给的理论研究，加深对生态系统服务功能自身属性变化和不同尺度上生态学原理的理解；增加生态系统服务研究结果表达的多样性，开发出一个能够整合服务、社会、经济等各方面参数的综合指标；增加多领域跨学科研究，探索生态系统服务功能研究结果在管理实践中的应用，实现该领域的研究成果能够被自然生态监管部门充分利用，不断完善生态系统服务功能的管理规划，以达到自然资源的可持续利用。

1.2 生态资源资产概述

1.2.1 生态资源资产概念

生态资源资产是在自然资源资产和生态系统服务功能这两个概念的基础上发展起来的，是二者的结合与统一，表征人类对生态环境、自然资源的认识达到了一个新高度。1948 年，美国学者 William Vogt 在讨论国家债务时第一次提出自然资本的概念，同时指出耗竭自然资源资本就会降低国家债务偿还的能力。这是国际上对生态资源资产重要性的萌芽认识。20 世纪 70 年代，Holder 和 Westama 等学者首先提出了生态资源资产评估这一概念。随后，众多科研人员以及联合国环境规划署等针对全球尺度生态资源资产开展了一系列研究。

与生态系统服务功能概念一样，生态资源资产概念尚未统一。国外学者多使用自然资本的概念（Wackernagel 等，1999；Costanza 等，2010），国内学者多使用生态资产（戴波等，2004；高吉喜等，2013）和生态资源资产（王淼等，2005；潘华等，2017）的概念，本书统一称为生态资源资产。国内外学者从不同角度对生态资源资产的内涵进行了界定，并存在一定程度上的认识差异，见表 1-2。

表 1-2 不同作者对生态资产概念与内涵的界定

作者	生态资产概念与内涵
Perk 等（1998）	生态资源资产是自然资本中某些由生物提供的生态系统服务所形成的价值。
王建民等（2001）	生态资源资产是一切生态资源的价值形式，是国家拥有的能以货币计量的，并能带来直接、间接或潜在利益的生态经济资源。
张军连等（2003）	生态资源资产是一定时间和空间内，自然资产和生态系统服务能够增加的以货币计量的人力福利。
陈百明等（2003）	生态资源资产是所有者对其实施生态所有权并且所有者可以从中获得经济利益的生态景观实体。
潘耀忠等（2004）	生态资源资产即隐形的生态系统服务功能价值和有形的自然资源直接价值。
史培军等（2005）	生态资源资产是生态系统所具有的提供生物资源与生态系统服务的功能。
李昭阳等（2008）	生态资源资产是生态系统生物资源直接价值及其生态系统服务功能价值的总和，是反映生态环境发展变化的指标。
陈志良等（2008）	生态资源资产指生态系统结构与功能在经济上的体现，是人类从生态系统获得资源与服务的总称。
高吉喜等（2016）	生态资源资产指具有物质及环境生产能力并能为人类提供服务和福利的生物或生物衍化实体，主要包括化石能源和生态系统，其价值表现为自然资源价值、生态服务价值以及生态经济产品价值。
欧阳志云等（2016）	生态资源资产是指一定时间、空间范围内和技术经济条件下可给人们带来效益的生态系统，可分为生物资产、基因资产、生态功能资产及生境资产四大类型。
谢高地（2017）	生态资源资产是生态环境、生态资源及其为人类社会提供的各种服务与福利的统称，是人类延续和发展不可或缺的物质基础。
《三江源区生态资源资产核算与生态文明制度设计》课题组（2018）	生态资源资产是指生物生产性土地及其所提供的生态系统服务和生态产品，它是自然资源资产中必不可少的组成部分。生态资源资产包括生态系统、生态服务和生态产品三部分。

由表 1-2 可知，人们对生态资源资产概念的认识过程是动态的、发展的，是逐步深化和延展的。因此，对生态资源资产概念的认识是人类认识世界、认识自然环境过程的具体体现。从以上定义中可以看出，《三江源区生态资源资产核算与生态文明制度设计》课题组的定义更加全面和完整，符合时代发展的需要（图 1-1）。

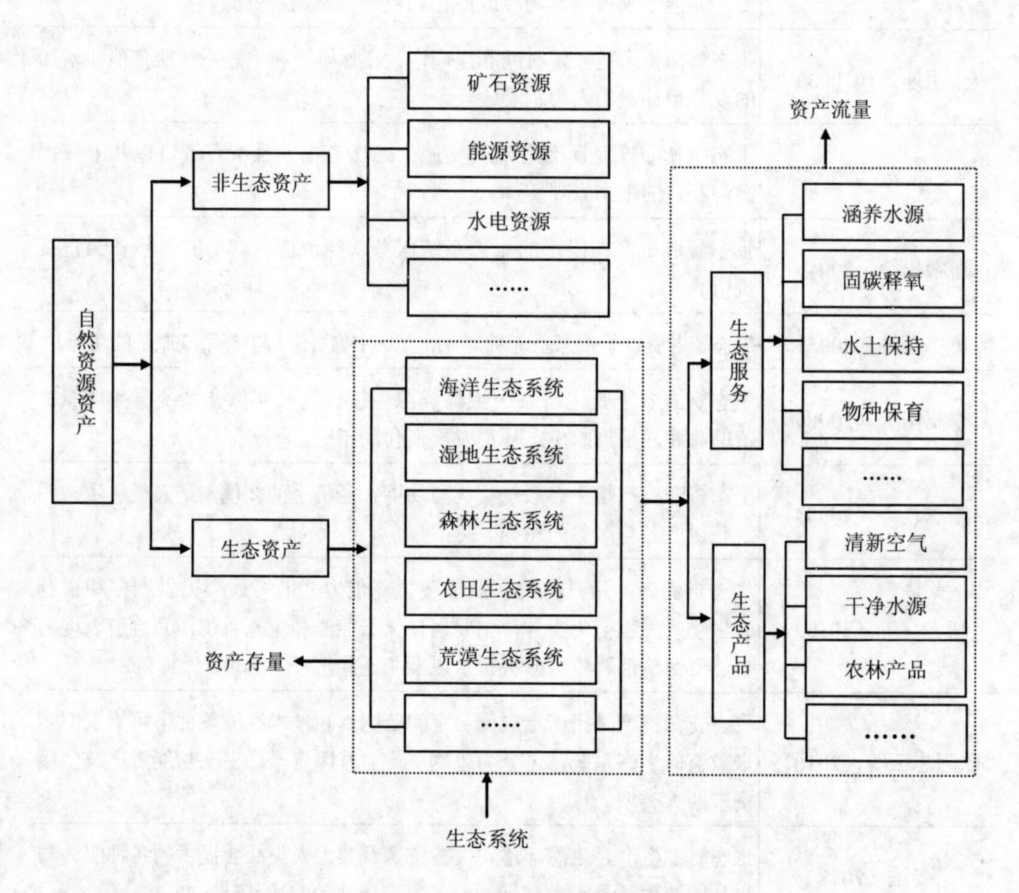

图 1-1　自然资源资产构成图

由图 1-1 可知，从资产的构成上来看，生态资源资产包括三种类型：第一种生态资源资产是生态系统，是指一切具有生物生产能力的物质载体，是生态系统存在的基础，具体包括海洋、森林、草地、湿地、农田、荒漠等生态系统及其上面附着的土壤、水分和生物要素等。第二种生态资源资产是生态服务，是生态系统在生产过程中给人类带来的间接使用价值，主要包括水源涵养、土壤保持、物种保育、生态固碳、气候调节、防风固沙、科研文化、休闲旅游等。第三种生态资源资产是生态产品，是指生态系统产出的可供人类直接利用的物质，包括干净的水源、清新的空气、农林产品、海产品等。

从生态资产的形成过程来看，生态资源资产又可以划分为资源资产存量和资源资产流量，其中生态系统是生态资源资产存量，而生态服务和生态产品则是生态资源资产流量。生态系统是在相当长的历史过程中发展演化而来的，积累蓄积形成土壤、水分和生物等要素，是生态系统服务和生产产品产生的基础。只要生态资源资产存量存在，生态系统就会每年产生生态资产流量。因此，生态资源资产存量类似于经济资产概念中的“家底”或“银行本金”，即为生态家底，而生态资产流量则类似于银行资产所产生的利息。只要生态资源资产存量存在，生态系统就会每年产生生态资产流量。一般情况下，生态资源资产存量在一段时间内是稳定不变的，而生态资产流量是随时间变化的。生态资源资产存量越大，其每年所产生的生态资源资产流量也就越大。

1.2.2 生态资源资产的基本特征

生态资源资产既为人类提供有形的和无形的生态产品，也提供更多无形的生态系统服务，其作为一种福利为人类带来了巨大效益，具有收益性。在前人研究的基础上，基本特征归纳总结如下。

1.2.2.1 有限性和稀缺性

生态资源资产在一定时间内，其量相对于人类的需求是有限的、稀缺的。生态资源资产的有限性和稀缺性是其最本质的特征。例如，在当前社会经济条件下，清新的空气、干净的水源就是生态系统产生的对人类具有直接利用价值的有限性和稀缺性产品。由于生态资源具有有限性和稀缺性，这意味着人类对生态资源资产的利用并不能随心所欲，受自然资源有限性和稀缺性的限制，人类在认识自然、利用和改造自然时需要始终贯彻坚持可持续发展的理念，珍惜一切生态资源资产，合理地开发和保护，摒弃只顾眼前利益，肆意挥霍自然资源的传统意识。

1.2.2.2 生产性和可再生性

生态系统最显著的特征之一就是具有很高的物质生产能力和再生功能。生态系统的主要组分——生产者，为地球上一切异养生物提供了营养物质，是全球生物资源的生产者。生态系统中的生产者从大自然中吸收生命过程所必需的物质和能量，并转化为新的物质，从而实现物质和能量的积累，繁衍增长，保持或扩大其储量，具有可再生性。森林、草地和水生生物等生态资源资产都具有明显的生产性和再生性，而矿产资源、化石能源等并不具有生产性和可再生性，这类自然资源资产属于非生态资源资产。例如，森林、草地、水域等生态系统依靠种源而再生，其中一旦某种物种的种源消失，该资源就不能再生了，从而要求科学合理地利用和保护物种种源，才可能“取之不尽，用之不竭”。

1.2.2.3 整体性和地域性

整体性是生态系统的根本属性。生态系统及生态环境的各组成要素总是在相互联系、相互制约、相互作用的动态过程中，即任何一个生态要素受到影响，其他生态要素在状态和功能上都对这种影响做出反馈和反应，必然会波及生态系统及其生态环境供给人类的服务和福利。因此，生态资源资产研究要从生态系统整体考虑，特别是从区域生态系统（包括区域生态环境系统和经济社会系统）总体考虑。

不同地域有不同的自然地理条件和经济社会条件，自然资源、生态环境以及当地经济社会对资源环境的利用方式也必然具有差异。因此，以生态服务和自然资源为核心的生态资产的组成、结构、功能、类别也将随区域的自然地理条件和经济社会条件的不同而产生变化，这就是生态资源资产的地域性特征。例如，南方的森林资源资产与北方的森林资源资产不同，山地的森林资源资产与平原的不同，这就意味着其经营管理方式不同。所以，在不同地区开展生态资源资产研究，必须遵循地域性的原则，根据当地的自然和经济社会条件采用不同的方法和途径，这样其研究成果对当地经济社会发展和生态环境维护更具有地区的适宜性和实践应用价值。

1.2.2.4　功能的多样性和公益性

自然资源资产类型多样、结构复杂、形态各异，决定了其功能的多样性。自然资源资产往往具有经济效益、生态效益和社会效益三大功能效益。例如森林资源资产的林产品，除有价值可以交换的商品属性、经济效益外，还有难以度量的生态效益和社会效益。这些功能效益通常自动外溢，具有一定的公益性，受益者无须付费，即可得益。功能效益的多样性给自然资源资产的评估也带来了一定的困难。

1.2.3　生态资源资产评估研究进展

1.2.3.1　国外研究进展

（1）理论研究阶段

在自然资源资产/环境经济核算方面，联合国等国际组织发挥着重要作用。20世纪70年代西方国家及部分发展中国家相继开展自然资源、环境核算研究。1977年，联合国开始对森林、矿产自然资产资源进行了核算研究。1978年，挪威开始逐渐建立和完善包括能源资源储存量、海洋鱼类和森林资源存量等重要资源的核算体系，以及大气污染、水污染、再生资源的可回收利用、环境污染和改善费用等自然环境方面的统计制度（Statistic Norway，1978）。随后，芬兰等北欧国家针对本国现状，也相继建立了包括森林资源核算、环境保护支出费用计算和废气排放调查3项内容的自然资源核算框架体系。1990年，墨西哥在联合国的支持下，在环境经济核算范畴内加入了水、森林、土壤、空气和石油等自然资源，并将这些自然资源及其变化编成数据指标，然后再估价将自然资源的这些数据转化为用货币计量的数据，在国内生产净值基础上，得出自然资源资产的耗减，进而得出环境成本。此外，美国、英国和加拿大也都建立了自己国家的自然资源资产的核算账户。1977—1992年，部分国家及国际组织对自然资源、环境核算的研究主要集中在理论与方法等方面探索与实践研究。

（2）理论与实践相结合阶段

1992年世界环境与发展大会的召开为自然资源、环境核算及国民经济账户体系的研究提供了新的契机。特别是1993年联合国统计司建立的综合环境与经济核算体系（System of Integrated Environmental and Economic Accounting，SEEA-1993）。SEEA-1993是国民账户体系（System of National Accounts-SNA）的卫星账户体系，是可持续发展经济思路下的产物，主要用于在考虑环境因素影响条件下的国民经济核算，是对SNA的补充而提出的对经济可持续发展水平进行评估和测量的概念、方法。在获得了一定的实践经验和方法论的进步之后，越来越多的国家和地区将生态资产或自然资本纳入国民经济账户，以衡量其自然环境与经济社会协调发展的程度。联合国统计司不断建立并完善SEEA的各项子账户和标准，分阶段颁布了SEEA-2000、SEEA-2003、SEEA-2012三个修订版本的环境与经济核算体系。在SEEA的影响下，欧盟统计局编写了《欧洲森林环境与经济核算框架》（IEEAF-2002）、联合国粮农组织编写了《林业环境与经济核算指南》（FAO-2004）。

由世界银行发起的“财富核算和生态系统服务价值评估（Wealth Accounting and the Valuation of Ecosystem Service，WAVES）机制”在2010年日本名古屋《生物多样性公约》第十次缔约方会议上正式推出以来，其在以下两方面取得了进展：一是加强了合作关系；二是在五个国家测试了自然资本核算的可行性。目前，各国均在制定详细的实施路线图。该机制的成员国既包括发达国家，也包括发展中国家。该机制的成员国在建立自然资本核算体系方面取得了巨大进展。博茨瓦纳、哥伦比亚、哥斯达黎加、马达加斯加和菲律宾五国已着手实施政府最高领导层批准的工作计划。在制订工作计划过程中，关键的第一步是要明确关乎经济发展的具体重点政策性事项并建立相关部门账户。例如，土地账户正帮助生物多样性丰富的马达加斯加通过哪种渠道为建立6万km^2的保护区筹措资金；土地和水资源账户正帮助哥斯达黎加评估竞争性用地的价值和对其可再生能源基础设施进行长期投资的最经济方法；就博茨瓦纳而言，建立水资源账户将有助于其在实现经济多样化过程中更有效地管理稀缺的水资源。

欧盟在2011年启动的“生物多样性战略”提出欧盟成员国须完成国家尺度的生态系统和多样性价值评估，并提出将其纳入国家统计体系中。截至2013年，英国（综合型评估）、爱尔兰（生物多样性价值评估）和捷克（草地生态系统价值评估）完成了国家尺度的评估工作，但大部分欧盟国家还处于起步阶段（如德国、波兰、奥地利、比利时和荷兰等)，而挪威、瑞典、罗马尼亚和意大利等国的生态系统和多样性价值评估工作尚未开启。

(3) 实际核算与实践研究阶段

2012 年 3 月，联合国统计委员会第 43 届会议通过了“环境经济核算体系(2012)(SEEA-中心框架)”，该中心框架是基于 20 多年环境核算开发而发布的第一个综合性国际环境核算标准”，是首个环境经济核算体系的国际统计标准，力求提供一个统一的核算原则和方法体系来供各国建立相似结构的账户、生产可比性数据，在全球影响广泛。基于 SEEA-中心框架的影响，许多国家开始新一轮的环境经济核算实践研究。

以上进展充分表明，生态资源资产核算已从理论体系摸索阶段过渡到实际核算和实践阶段，将为国民经济正常运行提供重要的决策依据。

1.2.3.2 国内研究进展

(1) 理论体系初步研究阶段

我国生态资源资产价值评估起源于 20 世纪 80 年代的环境资源价值评估。1980 年我国经济学家许涤新率先开展生态经济学的研究，首次将生态因素与经济因素结合起来考虑；中国环境科学研究院于 1980 年开展了环境污染损失以及生态破坏损失的估算研究，并于 1990 完成了《中国典型生态区生态破坏经济损失及其计算方法》的研究；1988 年，国务院发展研究中心开始进行“资源核算及其纳入国民经济核算体系”的课题研究，构建了资源核算的理论框架，确立了资源价值基本理论和计算公式，推动了资源价值核算研究的快速发展；1996 年，由胡涛等组织的“中国环境经济学研讨班”，发表了两册论文集，内容包括环境污染损失计量、环境效益评价、自然资源定价、生物多样性生态价值等，进一步推动了环境资源价值的发展；1998 年，李金昌研究员编著出版的《生态价值论》系统分析了生态价值的有关基础理论，并就其量化方法进行了深入的研究；2000 年，环境规划院提出了《基于卫星账户的环境核算方案初步设计方案》；王健民等(2002)综合国内外生态资产研究进展，编著了《中国生态资产概论》；于连生在 2004 年出版的《自然资源价值论及其应用》一书中，将自然资源价值形态这一全新概念应用于自然资源价值理论的研究。这一时期主要是理论体系的初步研究阶段，注重概念、内容、评估方法的介绍等方面的研究。

（2）理论体系完善与实践阶段

20 世纪 90 年代以来，受国际学术研究思潮的影响，我国科研工作者开展了大量的生态资源资产核算方面的理论评估研究，并取得了大量的研究成果。特别是在森林资源资产核实和生态服务价值评估方面，已经达到世界领先水平。2004 年，国家林业局和国家统计局联合组织开展了中国森林资源核算并将其纳入绿色 GDP 研究，初步提出森林资源核算的理论和方法，构建了基于森林的国民经济核算框架，并依据第五次、第六次全国森林资源清查结果和全国生态定位站网络观测数据，核算了全国林地林木资源和森林生态服务的物质量与价值量。2004 年，国家统计局与国家环保总局联合开展了“中国绿色国民经济核算（绿色 GDP）”的研究，完成了 2004—2010 年共 7 年的全国环境经济核算研究报告，标志着基于环境污染的绿色国民经济年度核算报告制度已经初步形成。2008 年 12 月，国家统计局联合环境保护部等部门召开了《中国资源环境核算体系框架》专家咨询会，致力于建立我国资源环境核算体系工作，以期加快我国资源环境核算体系的建立步伐。李金华（2009）通过对 SEEA 的解读，结合 SAN 在我国的实践，设计出了一套比较完整的中国环境经济核算体系，即 CSEEA，该体系能全面描述一定时期、一定地域自然环境、资源的存量、流量及变动，计量环境与人类经济活动、社会活动的互动关系和作用状况。2013 年 5 月，国家林业局和国家统计局再次联合启动“中国森林资源核算及绿色经济评价体系研究”，在原有研究的基础上，充分吸收参考国际最新研究成果，改进和完善了核算的理论框架与方法，利用第八次全国森林资源清查结果和相匹配的全国生态定位站网络观测数据，对全国林地林木资源价值和森林生态服务功能价值进行了核算；2014 年 10 月，联合举行新闻发布会，向社会公布了初步研究成果。

这一阶段主要是理论体系完善与实践阶段，注重评估体系建立、模型与参数的选取以及相应的实验研究。

（3）实践与试点研究阶段

为了推进生态文明建设，2013 年 11 月，党的十八届三中全会指出要“探索编制自然资源资产负债表，对领导干部实行自然资源资产离任审计，建立生态环境损害责任终身追究制”。探索编制自然资源资产负债表是党的十八届三中全会作出的重大改革部署，引起了社会和各级政府的广泛关注。随后国务院出台了《关于全民所有自然资源资产有偿使用制度改革的指导意见》等一系列顶层设计文件，这标志着我国自然资源核算研究从学术型研究转变为实践研究、国家战略、制度研究。2014 年 4 月，国家统计局制定了自然资源资产负债表编制的改革实施规划；2015 年 5 月国家林业局发布了林业行业标准《森林资源资产评估技术规》（LY/T 2407—2015），为编制自然资源资产负债表提供了理论依据。

2015 年 11 月，国务院办公厅印发了《编制自然资源资产负债表试点方案》，并选取内蒙古自治区呼伦贝尔市、浙江省湖州市、湖南省娄底市、贵州省赤水市、陕西省延安市率先开展编制自然资源资产负债表试点工作。与此同时，全国各地的其他城市也在不断探索自然资源资产负债表编制工作。一些地区出台了试点方案，部分地区编制了自然资源资产负债表，并在一些关键领域和重点环节取得了一些进展。例如，深圳市大鹏新区首创完成了林地自然资源资产核算，发布了全国首个区县级的自然资源资产负债表，在国内率先进入到实操阶段；2014 年 7 月起，三亚市政府与德稻环境金融研究院合作，在全国率先探索了城市自然资源资产负债表的编制。

2017 年中国“自然资本核算及生态系统服务估价”项目正式启动，并在广西、贵州实施试点。该项目是在欧盟资助下，由联合国统计司和联合国环境规划署发起，中国国家统计局牵头实施的为期 3 年（2017 年 11 月至 2020 年 11 月）的工作计划。该项目旨在从国家层面探索编制实物量和价值量自然资源资产负债表提供技术支持，按照《2012 环境经济核算体系——实验性生态系统核算》中实物量和价值量的核算方法，指导广西、贵州开展生态系统服务实物量和价值量核算研究。该项目的启动将有利于我国加强开展土地、水、森林等自然资源资产负债表的编制工作，最终为全球生态资产的核算提供可复制、可推广的中国方案和经验。

总之，自然资源资产价值核算的实践与试点研究工作，在我国刚刚起步，还处于探索研究阶段。

1.2.4 生态资源资产价值估算

1.2.4.1 以行政区域为对象估算生态资产价值

以行政区域为研究对象有利于统计数据的获取及保证数据的完整性与连续性，同时也有利于为绿色 GDP 核算与可持续发展提供科学依据。陈仲新和张新时（2000）参考了 Costanza 等提供的参数，以 1994 年为基准估算了中国生态系统的服务价值为 77 834.48 亿元/年。其中，陆地生态系统服务价值为 56 098.46 亿元/年；海洋生态系统服务价值为 21 736.02 亿元/年，是 1994 年中国 GDP 的 1.73 倍。这一成果在《科学通报》上发表后引起了国内学者对生态资产价值估算的极大关注，随后，学者们在国家、省（自治区、直辖市）和县等层面上展开了各项研究。张淑英等（2004）利用 Modis 数据对内蒙古自治区进行了陆地生态资产的定量测量，定量测量结果显示，研究区生态资产存量为 3 913.7 亿元。蒋洪强等（2016）对京津冀地区 13 个地市级城市的生态资产负债进行核算研究，2012 年京津冀地区生态产品供给的期初价值为 4 686 亿元，期末价值为 4 990 亿元，当期增加 340 亿元。孙晓等（2017）以广州增城区为例，对林地、农地、水地和草地 4 种生态系统的生态资产价值进行了评估研究，结果显示 2013 年增城区生态资产总价值为 330.6 亿元，其中自然资源资产价值占总价值的平均比例为 62%，生态服务功能资产价值为总价值的平均比例为 38%。白杨等（2017）对云南省的林地、草地、农田、湿地等 8 类生态资产进行核算，结果显示 2010 年 GEP 总量为 29 869.51 亿元，其中，直接产品价值为 4 132.69 亿元，间接服务价值为 25 736.81 亿元，GEP 是当年该省国内生产总值（GDP）的 4.13 倍。

1.2.4.2 以流域为研究对象的生态资产价值核算

将流域作为研究对象进行生态资产价值核算，一方面保存了流域生态系统的完整性；另一方面，有利于与其他区域或者流域进行比较，研究流域生态资产价值的一般规律，为流域上、下游开发与保护、生态补偿等提供科学依据。高清竹等（2002）利用 NOAA/AVHRR 数据，采用 Costanza 等的测算方法，评估发现过去 10 年海河流域上游农牧交错带区域土地利用的变化，损害该流域生态系统服务

价值达到 4.18×10^7～4.90×10^7 美元。谢高地等（2003）对青藏高原不同生态资产的服务价值进行了估算，结果表明青藏高原生态系统每年的生态服务价值为 $9\,363.9\times10^8$ 元，占全国生态系统每年服务价值的 17.68%，全球的 0.61%。《三江源区生态资源资产核算与生态文明制度设计》课题组（2018）经过多年的努力，采用先进的方法和手段，对三江源自然保护区的 9 种生态系统类型进行了科学评估，结果三江源自然保护区 2010 年生态存量资产价值量为 14.00 万亿元，生态流量价值量为 4 920.39 亿元，其中，生态服务价值为 3 013.64 亿元，生态产品价值为 1 906.75 亿元。

1.2.4.3 以单一生态系统为研究对象的生态资产价值核算

国内学者对不同类型的生态系统进行了许多有益的探讨，在生态系统服务功能研究进展部分进行过详细探讨，这里不再赘述。本节总结了对不同生态系统存量资源和流量资产同时进行研究的成果。《绿色国民经济框架下的中国森林核算研究》（2010）成果显示，以第六次全国森林资源清查数据为基础进行核算，全国林地林木总价值为 133 535.9 亿元，其中，林地资产价值为 44 296.88 亿元，林木资产价值为 89 239.06 亿元；2004 年森林生态服务功能价值为 125 239.73 亿元，大约相当于当年国内生产总值（GDP=159 878 亿元）的 78.33%。张颖（2016）以内蒙古自治区扎兰屯市为例，进行了森林资源核算和资产负债表管理研究，研究表明，2013 年扎兰屯森林资产存量价值为 427.87 亿元，其中林地资产存量价值为 273.18 亿元，林木资产存量价值为 154.69 亿元，森林生态系统服务年效益为 5 158.2 亿元，年效益约为当年扎兰 GDP（165.67 亿元）的 31 倍。有关单一生态系统为研究对象的生态资产价值评估目前主要集中在森林生态系统，其他生态系统研究相对较少，有待加强研究。

1.2.4.4 生态资产机理与驱动力研究

在城市化、人口聚集与迁移、区域开发政策等人类干扰力的作用下，生态资产的结构与资产存量发生了剧烈的变化。生态资产的急剧消耗，已影响到部分地区区域生态安全与可持续发展。杨志新等（2005）以北京市为例，发现由于耕地面积显著减少，京郊农田生态系统总服务价值由 1996 年的 4 513 384.07 万元下降至2002年的3 426 990.22万元。喻建华等（2005）在Costanza等的生态系统服务价值理论基础上，探讨了1994—2002年江苏省昆山市生态系统服务价值变化，研究发现建设用地对耕地和水域的占用，引起了昆山市生态系统服务价值下降，9年间生态系统服务价值总量下降8.9%，人均占有量下降13.0%。刘崇刚等（2018）参照中国陆地生态系统单位面积价值，探讨了合肥市2000—2015年生态资产的变化，发现由于耕地面积减少，2000—2015年生态资产服务价值减少了28 770.84万元。

综上所述，在生态资源资产价值估算方面，我国取得了不少研究成果。目前的成果主要集中在生态系统服务功能价值评估以及存量过程因子的机理与驱动机制研究方面，而对生态资源资产存量价值的评估、生态资源资产的应用、生态资源资产资本化、结构与动态演变机制及响应因子研究不足，需要加强该方面的研究。

1.2.5 生态资源资产评估及其价值研究的重要意义

1.2.5.1 为生态文明建设提供理论依据

通过对生态资源资产进行定量化评估研究，政府能够全面地、客观地衡量本区域内生态资源资产的存量、流量与增减变动情况。其评估结果是健全建立自然资源资产产权制度、自然资源资产监管体制、空间规划体系、生态补偿制度和自然资源有偿使用等制度的前提和依据，对于生态文明建设，将起到基础性数据支撑、关键性决策依据、科学性成果判定的作用。

1.2.5.2 是绿色GDP核算的重要前提

现有的国民经济核算（SNA）体系对自然资源资产只进行了实物量统计，没有反映其价值，只重视经济产值及其增长速度的核算，而忽视了对国民经济赖以发展的自然资源和环境条件的核算，忽视了资源耗竭和环境恶化对经济发展的负面作用，使得生态资源资产的价值在国民经济核算体系中没有得到应有的反映。而绿色GDP核算把自然环境因素纳入其中，可以全面反映国民经济财富的增减变化，可以更有效地平衡经济发展与生态环境保护之间的关系。开展生态资源价值核算，可以摸清区域内生态资源资产的存量、流量及价值量的变化情况，有助于将生态资源资产纳入国民经济核算体系，是实现绿色 GDP 核算的重要前提。

1.2.5.3 有助于开展领导干部的离任审计

开展生态资源资产评估是实施生态环境损害责任终身追究制、损害赔偿、领导干部自然资源资产离任审计等制度的基础。一直以来 GDP 都是政府官员政绩考核的重要指标，为了实现区域经济的短期快速增长，谋求更好的政绩考核指标，部分官员无视资源环境承载能力，挥霍利用有限的自然资源，导致资源环境严重破坏。将自然资源资产评估纳入领导干部离任审计，为那些实行粗放型经济增长的官员敲响了警钟，能够提高官员的环境保护意识，督促领导干部加强对自然资源的合理有效利用和科学管理。

1.2.6 研究展望

生态资源资产作为生态学、生态经济学与可持续发展研究的一个新兴领域，已受到广大学者、决策者及普通民众的高度重视，呈蓬勃发展之势。综合以上分析，本书认为生态资产研究有以下几个方面值得进一步深入研究。

（1）生态资源资产规范研究。从现有文献来看，多以 Costanza 等的研究作为规范，或根据已有的研究基础，选择几种易于定量的指标进行估算，各类研究之间缺乏可比性与延续性，不像 GDP 有一套完整的规范进行核算，在时间与区域间的可比性较强。另外，目前生态资源资产价值核算，多集中在生态系统服务功能价值的评估，而对存量资产价值的核算研究相对不足。一项生态服务或产品可提供一种或多种价值，同时一种价值可能由多项服务与产品提供，因此应理清生态系统所提供的服务与功能，避免出现重复与遗漏计算，同时完善生态资产的内容框架。

（2）生态资源资产理论研究。经典经济学理论基于市场配置效率，对生态资产的价值不是歪曲就是低估，生态资源资产价值很难在市场中得到完整体现；新经济学虽然考虑了人类活动导致的生态资产损失，但仍有待进一步完善；另外，将级差地租理论、边际效益理论等引入生态资源资产评估是今后值得关注的研究方向。

（3）生态资源资产技术方法研究。目前生态资源资产的估算方法都存在不同的缺陷及应用的局限性。例如，对条件价值法而言，辨识条件价值法的适应条件、调查人群素质与受生态系统影响程度等均有待进一步研究。那么，直接从生态系统中选取能反映生态资源资产价值趋向的指标体系，建立科学客观的评估方法，对生态资源资产经济化与货币化有重要的意义。另外，生态资源资产估价新方法研究方面，将能值分析方法与生态足迹引入估价体系，以克服市场方法的缺陷，可能是值得进一步研究的领域。

（4）生态资产驱动力与机理研究。目前许多学者意识到单纯研究某种生态系统的服务价值总和没有意义，因为有些生态系统服务价值（如生命支持价值）对人类来说是无价的。但研究人类活动导致的生态资产流失与损益、生态资源资产的应用、结构与动态演变机制及响应因子等方面是今后生态资产研究的重要方向。

参考文献

[1] Costanza R. The value of the worlds ecosystem service and natural capital[J]. Nature，1997，387（6630）：253-260.

[2] Costanza R，Daly HE. Natural capital and sustainable development[J]. Conservation Biology，2010，6（1）：37-46.

[3] Daily GC. Natures services：Societal dependence on natural ecosystems[M]. Washington DC：Island Press，1997.

[4] Groot RSD，Wilson MA，Boumans RMJ. A typology for the classification，description，and valuation of ecosystem functions，goods，and services[J]. Ecological Economics，2002，41：393-408.

[5] Holdren P，Ehrlich PR. Human population and the global environment[J]. American Scientist，1974，62：282-292.

[6] Leopold A. A sandy county almanac and sketches from here and there[M]. New York：Cambridge University Press. 1949.

[7] Marsh G. Man and nature：or physical geography as modified by human action [M]. New York：Charles Scribner，1864.

[8] Millennium Ecosystem Assessment. Ecosystems and human well-being：synthesis[M]. Washington，

DC：Island Press，2005.

[9] OECD. The economic appraisal of environmental protects and policies.A Practical Guide[R]. Paris，1995.

[10] Perk JPVD，Chiesura A，Groot RSD. Towards a conceptual framework to identify and operationalise critical natural capital[J]. Working Paper of CRIINC-Projet，1998，12（3）：4-14.

[11] UNEP. Guidelines for country study on biological diversity[M]. Oxford：Oxford University Press，1993.

[12] Vogt，W. Road to Survival[M]. New York：William Sloan，1948.

[13] Wackernagel M，Onisto L，Bello P，et al. National natural capital accounting with the ecological footprint concept[J]. Ecological Economics，1999，29（3）：375-390.

[14] Wallace KJ. Classification of ecosystem services：Problems and solutions[J]. Biological Conservation，2007，139（3-4）：235-246.

[15] Westman，WE. How much are nature' s service worth？[J]. Science，1977，197：960-964.

[16] 包浩生，李文华，薛达元. 长白山自然保护区森林生态系统间接经济价值评估[J]. 中国环境科学，1999，19（3）：247-252.

[17] 曹玉红，李露露，刘崇刚. 基于GIS的合肥市2000—2015年生态系统服务价值的时空变化[J]. 上海环境科学，2018（5）：208-213.

[18] 陈百明，黄兴文. 中国生态资产评估与区划研究[J]. 中国农业资源与区划，2003，24（6）：20-24.

[19] 陈阜，唐衡，郑渝，等. 北京地区不同农田类型及种植模式的生态系统服务价值评估[J]. 生态经济（中文版），2008（7）：56-59.

[20] 陈鹏. 厦门湿地生态系统服务功能价值评估[J]. 湿地科学，2006，4（2）：101-107.

[21] 陈尚，张朝晖. 我国海洋生态系统服务功能及其价值评估研究计划[J]. 地球科学进展，2006，21（11）：1127-1133.

[22] 陈亚，李晓赛，恒张东. 怀来县农田生态系统服务价值分类评估[J]. 水土保持研究，2016，23（1）：234-239.

[23] 陈云浩，李晓兵，张淑英，等. 内蒙古生态资产测量及生态建设研究[J]. 资源科学，2004，26（3）：22-28.

[24] 陈志良，刘旭拢，彭晓春，等. 潭江流域森林生态资产估算及其动态变化研究[J]. 国土与自然资源研究，2008（4）：80-81.

[25] 胡聃. 从生产资产到生态资产：资产—资本完备性[J]. 地球科学进展，2004，19（2）：289-295.

[26] 成升魁，鲁春霞，谢高地. 全球生态系统服务价值评估研究进展[J]. 资源科学，2001，23（6）：2-9.

[27] 程曦，卢亚灵，蒋洪强，等. 京津冀区域生态资产负债核算研究[J]. 中国环境管理，2016，8（1）：45-49.

[28] 崔丽娟. 鄱阳湖湿地生态系统服务功能价值评估研究[J]. 生态学杂志，2004，23（4）：47-51.

[29] 戴波，周鸿. 生态资产评估理论与方法评介[J]. 经济问题探索，2004（9）：18-21.

[30] 董全. 生态功益：自然生态过程对人类的贡献[J]. 应用生态学报，1999，10（2）：233-240.

[31] 樊宝敏，李智勇. 中国森林生态史引论[M]. 北京：科学出版社，2008.

[32] 范小杉，高吉喜. 生态资产概念、特点与研究趋向[J]. 环境科学研究，2007（5）：137-143.

[33] 冯林. 中国森林生态系统定位研究新进展[J]. 内蒙古农业大学学报，2004，25（4）：58-61.

[34] 甘先华，李伟民. 国内外森林生态系统定位研究网络的现状与发展[J]. 广东林业科技，2006，22（3）：104-108.

[35] 高雅，林慧龙，李琳. 三江源草原生态系统生态服务价值的能值评价[J]. 草业学报，2016，25（6）：34-41.

[36] 关传友. 论中国古代对森林保持水土作用的认识与实践[J]. 中国水土保持科学，2004（1）：105-110.

[37] 郭晶. 海洋生态系统服务非市场价值评估框架：内涵、技术与准则[J]. 海洋通报，2017，36（5）：490-496.

[38] 郭宗香，杨正勇，杨怀宇. 农业生态系统服务价值评估研究进展[J]. 中国生态农业学报，2009，17（5）：1045-1050.

[39] 胡文，任晓旭，王兵. 中国森林生态系统服务功能及其价值评估[J]. 林业科学，2011，47（2）：145-153.

[40] 黄秉维. 确切地估计森林的作用[J]. 地理知识，1981（1）：1-3.

[41] 贾良清，欧阳志云，赵同谦，等. 中国草地生态系统服务功能间接价值评价[J]. 生态学报，2004，24（6）：1101-1110 .

[42] 靳芳，鲁绍伟，余新晓，等. 中国森林生态系统服务功能价值评估[J]. 生态学报，2005，25（8）：2096-2102.

[43] 李金华. 中国环境经济核算体系范式的设计与阐释（英文）[J]. 新华文摘，2009（3）：53-57.

[44] 李晶，刘焱序，张微微. 关中-天水经济区农田生态系统服务价值评价[J]. 干旱地区农业研究，2012，30（2）：201-205.

[45] 李俊生，张颖，杜乐山，等. 县域生态系统服务价值评估与自然资源资产负债表编制——以景东彝族自治县为例[M]. 北京：科学出版社，2018.

[46] 李庆旭，史芸婷，张彪，等. 北京湿地生态系统重要服务功能及其价值评估[J]. 自然资源学报，2017，32（8）：1311-1324.

[47] 李仁强，赵苗苗，赵海凤，等. 青海省1998—2012年草地生态系统服务功能价值评估[J]. 自然资源学报，2017，32（3）：418-433.

[48] 李暑霏，潘华. 生态资源资产的产权制度及产权交易机制研究[J]. 昆明理工大学学报（社会科学版），2017，17（2）：58-64.

[49] 李铁军. 海洋生态系统服务功能价值评估研究[D]. 青岛：中国海洋大学，2007.

[50] 李文华. 生态系统服务功能研究[M]. 北京：气象出版社，2002.

[51] 李文华. 生态系统服务功能价值评估的理论、方法与应用[M]. 北京：中国人民大学出版社，2008.

[52] 李文华，赵景柱. 生态学研究回顾与展望[M]. 北京：气象出版社，2004.

[53] 李宪文，张军连. 生态资产估价方法研究进展[J]. 中国土地科学，2003，17（3）：52-55.

[54] 李昭阳，孙平安，汤洁，等. 松嫩平原生态资产遥感测量与生态分区研究[J]. 生态经济（中文版），2008（5）：122-127.

[55] 廖士义，李周，徐智. 论林价的经济实质和人工林林价计量模型[J]. 林业科学，1983，19（2）：181-190.

[56] 刘向华. 生态系统服务功能价值评估方法研究：基于三江平原七星河湿地价值评估实证分析[M]. 北京：中国农业出版社，2009.

[57] 刘晓洁，李洪田，王淼. 海洋生态资源资产评估问题探讨[J]. 海洋开发与管理，2005，22（1）：65-68.

[58] 鲁春霞，冷允法，谢高地，等. 青藏高原生态资产的价值评估[J]. 自然资源学报，2003，18（2）：189-196.

[59] 鲁春霞，谢高地，肖玉，等. 青藏高原高寒草地生态系统服务价值评估[J]. 山地学报，2003a，21（1）：50-55.

[60] 鲁春霞，谢高地，张钇锂，等. 中国自然草地生态系统服务价值[J]. 自然资源学报，2001，16（1）：47-53.

[61] 苗鸿，欧阳志云，王效科. 中国陆地生态系统服务功能及其生态经济价值的初步研究[J]. 生态学报，1999，19（5）：607-613.

[62] 欧阳志云，谢高地，郑华，等. 生态资产、生态补偿及生态文明科技贡献核算理论与技术[J]. 生态学报，2016，36（22）：7136-7139.

[63] 欧阳志云，王如松. 生态系统服务功能、生态价值与可持续发展[J]. 世界科技研究与发展，2000，1（5）：45-50.

[64] 欧阳志云，王效科，赵同谦，等. 水生态服务功能分析及其间接价值评价[J]. 生态学报，2004，24（10）：2091-2099.

[65] 欧阳志云，赵同谦，王效科，等. 中国陆地地表水生态系统服务功能及其生态经济价值评价[J]. 自然资源学报，2003，1（4）：443-452.

[66] 欧阳志云，赵同谦，赵景柱，等. 海南岛生态系统生态调节功能及其生态经济价值研究[J]. 应用生态学报，2004，15（8）：1395-1402.

[67] 欧阳志云，赵同谦，郑华，等. 中国森林生态系统服务功能及其价值评价[J]. 自然资源学报，2004，1（4）：480-491.

[68] 人民日报人民要论：加快研究编制自然资源资产负债表[DB/OL]. http://opinion.people.com.cn/n/2015/0519/c1003-27022584.html.

[69] 《三江源区生态资源资产核算与生态文明制度设计》课题组. 三江源区生态资源资产价值核算[M]. 北京：科学出版社，2018.

[70] 史培军，张淑英，潘耀忠，等. 生态资产与区域可持续发展[J]. 北京师范大学学报（社会科学版），2005（2）：131-137.

[71] 宋宗水. 森林生态效能的计量问题 [J]. 农业经济问题，1982（6）：29-33 .

[72] 王斌，杨丽韫，张彪. 太湖流域水生态服务功能评估[M]. 北京：中国环境科学出版社，2012.

[73] 王兵. 生态连清理论在森林生态系统服务功能评估中的实践[J]. 中国水土保持科学，2016，14（1）：1-11.

[74] 王方. 祁连山自然保护区生态资产价值评估研究[D]. 兰州：兰州大学，2012.

[75] 王健民，王如松. 中国生态资产概论[M]. 南京：江苏科学技术出版社，2001.

[76] 汪丽妹. 县级自然资源资产评估初探及对离任审计的启示[D]. 杭州：浙江大学，2017.

[77] 王祥荣，阎水玉. 生态系统服务研究进展[J]. 生态学杂志，2002（5）：61-68.

[78] 文化，杨志新，郑大玮. 北京郊区农田生态系统服务功能价值的评估研究[J]. 自然资源学报，2005，20（4）：564-571.

[79] 翁伯琦，肖生美，钟珍梅. 生态系统服务功能的价值评估与研究进展[J]. 福建农业学报，2012，27（4）：443-451.

[80] 谢高地. 生态资产评价：存量、质量与价值[J]. 环境保护，2017（11）：18-22.

[81] 谢高地，鲁春霞，冷允法，等. 青藏高原生态资产的价值评估[J]. 自然资源学报，2003b，18（2）：189-196.

[82] 谢高地，肖玉，张彪，等. 基于人类需求的生态系统服务分类[J]. 中国人口·资源与环境，2010，20（6）：64-67.

[83] 辛琨，肖笃宁. 盘锦地区湿地生态系统服务功能价值估算[J]. 生态学报，2002，22（8）：1345-1349.

[84] 徐智，翟中齐. 评价农田防护林经济效果的方法[J]. 农业经济问题，1982（8）：26-32.

[85] 杨华. 环境经济核算体系介绍及我国实施环境经济核算的思考[J]. 调研世界，2017（11）：5-13.

[86] 叶属峰，张朝晖，朱明远. 典型海洋生态系统服务及价值评估[M]. 北京：海洋出版社，2008.

[87] 余新晓，张增哲. 中国森林水文研究现状和主要成果[J]. 北京林业大学学报，1988（2）：79-87.

[88] 张嘉宾. 关于估价森林多种功能系统的基本原理和技术方法的探讨 [J]. 南京林产工业学院学报，1982，（3）：5-18.

[89] 张劲松. 量化生态服务价值：自然生态监管制度总体设计的基础[J]. 中共杭州市委党校学报，2018，113（3）：6-13.

[90] 张颖. 资源核算与资产负债表管理研究——以扎兰屯市森林资源为例[J]. 环境保护，2016，44（3-4）：35-38.

[91] 周兴民. 生态系统的服务功能 I 生态系统服务的概念与特性[J]. 青海环境，2009，19（1）：26-28.

[92] 中国 2010 年环境经济核算研究报告完成[EB/OL].（2013-04-03）http：//www.caep.org.cn/ReadNews.asp？NewsID=3547.

[93] 中国森林资源核算及纳入绿色 GDP 研究项目组. 绿色国民经济框架下的中国森林核算研究[M]. 北京：中国林业出版社，2010.

2　生态资源资产价值评估理论、指标体系与方法

生态资源资产的概念是在自然资源资产和生态系统服务功能两个概念的基础上形成的，其评价的基本理论、指标体系与方法源于自然资源资产经济价值评估及其生态服务功能评估等理论基础。

2.1　价值评估基本理论

2.1.1　劳动价值论

劳动价值论认为，价值量的大小取决于其中蕴含的社会必要劳动的多少。目前生态资源日益匮乏、谋求可持续发展成为全球趋势的情况下，应该将劳动价值论更推进一步，将劳动的外延扩大，将自然界的劳动也包括在内，商品的价值由自然界的劳动和人类的劳动共同确定。正是自然界的几十亿年的地热运动、风能、雨能等综合劳动，才形成了人类社会经济活动中广泛应用的石油、煤炭、砂石、金属、土地、木材等物质资料，凝结在这些物质资料中的，是自然界的无差别的劳动，并通过人类的劳动转移进了产品中，构成产品价值的一部分(沈丽等，2010)。

随着社会经济的发展，人类对于生态系统服务功能的需求也越来越大，就需要投入越来越多的人类抽象劳动。因此，生态系统服务功能是具有价值的，因为在对生态系统服务功能利用和保护的过程中需要投入大量的人类劳动，从而保证人类劳动力的再生和人类生存所需的物品。作为人类劳动与自然界劳动结合的产物，生态资源资产也是使用价值与价值的统一体。生态资源资产的商品价值是凝结在其中的无差别的自然界的劳动和人类的劳动，其价值量的大小用商品的能值或能值货币价值衡量。

2.1.2 效用价值论

效用价值论认为，商品或服务具有价值，必须满足商品或服务对人类具有效用，即人类主观认为其具有有用性以及商品或服务具有稀缺性，两者缺一不可，且商品或服务价值量的大小取决于其效用大小和稀缺程度。研究已证明生态系统服务功能对人类生存的重要性，同时由于人类经济社会的发展对生态环境造成了诸多不利影响和破坏，使生态系统服务功能逐渐成为一种稀缺资源。因此，生态系统服务功能满足了以上两个条件是有价值的。其价值源泉就是生态系统服务功能的有用性。对于人类来说，生态系统服务功能具有主观的满足度，且随着稀缺性的增加，其边际效用也在不断提高，从而其价值也在不断上升。

2.1.3 个人偏好与支付意愿理论

个人偏好与支付意愿是进行生态系统服务功能价值评估的基础。个人偏好指的是个人的喜好或爱好，并且具有完全性、可传递性以及非饱和性等假定特征，从而保证消费者可以理性地、准确地表达出自身的喜好。个人偏好为不同产品或者服务之间进行对比和价值的衡量提供了前提条件，是进行经济评估的基础。个人效用和边际效用必须从其表现出的“偏好”中获得，即从描述不同的经济情况下个人消费行为和偏好的经验资料中获得。个人偏好可以通过对消费者进行询问或者从消费者在市场上的实际行为揭示，也可以从受到影响的物品的相关市场信息中获得。支付意愿，即消费者为获得一种商品或服务而愿意支付的最大货币量，是福利经济学中的一个基本概念，它是进行生态环境资源价值评估的基础。支付意愿实际上已经成为一切物品价值表征的唯一合理指标。另外，从出售者的角度来看，人们接受补偿的意愿是人们对商品或服务的价值表达的唯一合理指标。

2.1.4 消费者剩余与生产者剩余理论

消费者实际从生态系统产品或者服务中获得的收益是难以通过其支付的价格进行弥补的，原因在于存在消费者剩余，即价格和消费者获得效用之间的差异。消费者剩余在商品或者服务的价格和质量发生改变的情况下会发生改变。同时，对于生产者来说也存在生产者剩余，即如果生产者销售商品或服务时其价格超过了预期愿意供给商品的最低价格时，其多获得的这部分利益就是生产者剩余。因此，生产者剩余类似于消费者剩余，因为它们都是实际价格超过了意愿价格，从而获得了经济收益。对于生态系统服务功能来说，纳入生产或者消费函数就会带来明显的消费者剩余或生产者剩余。

2.1.5 替代效应与互补效应理论

在现实生活中由于受到预算的限制，一种商品或服务价格的变化或者其他商品或服务价格的变化会引起该商品或服务的需求量发生变化，这种变化就是替代效应和互补效应。替代效应是指由商品或服务价格的变动所引起的商品或服务相对价格发生变动，进而引起商品或服务需求量的变动，即商品或服务的价格是和商品或服务的替代物以及消费者的收入密切相关的。互补效应体现为某种商品或服务的价格上涨，其相关的互补商品或互补服务的需求量也会下降。生态系统提供的产品和服务，也存在这种明显的替代效应和互补效应。因此，某种商品或服务的经济价值会受到替代商品或服务与互补商品或服务价格和质量的影响。如果一个替代商品或服务的价格发生改变，商品或服务的经济价值也会发生同方向的变化。互补商品价格和消费者剩余之间的关系是呈反方向变化的。

各种生态系统服务功能之间也具有可替代性和互补性。因此，在评估生态系统服务功能价值的同时，要分析其替代品和互补品，因为它们会影响到其需求的曲线，进而影响消费者剩余和生产者剩余，从而影响真实的价值评估。

2.1.6 需求函数理论

某种商品或服务的价值取决于其需求状况，而其价格则取决于需求和供给状况。需求函数表示在不同价格下的商品或服务的需求量。实际上，任何商品或服务的需求都是消费者主观偏好和客观能力的统一，也就是包含来自消费者的偏好形成的主观需求和受到消费者收入预算约束的有购买能力的需求，即有效需求是决定商品或服务价格的重要因素。而需求还受到消费者收入、相关商品或服务——替代品或服务、互补品或服务以及消费者心理预期等因素的影响。人们通过偏好等资料的分析，估算个人的需求曲线，进而可以明确地利用支付意愿或者接受赔偿意愿来衡量效用，从而得出商品的价值。因此对于生态系统提供的服务功能来说，作为公共物品其总体需求就是个人需求的垂直加总，也就是在某一供给水平下，个人所能够获得的收益总和。而计算需求总量就可以为计算消费者的边际效用和价值提供科学的依据。

2.1.7 机会成本理论

机会成本概念是现代经济理论中的一个重要概念之一。美国著名经济学家保罗·萨缪尔森在他的教科书《经济学》中就有专门一节来讨论这个问题。一般认为，所谓机会成本是指，一种产品或者资源放弃现有用途而挪作他用，并由此可以获得的最大收益（于新，2010）。

机会成本表示资源在其最佳替代用途中体现的价值，它不是通常意义上的成本，不是一种实际支出或费用，而是选定某种方案可能损失的收入或收益。成本价值论的一种具体体现是自然资源的价值由其开发利用的机会投入成本所决定，主要体现在：直接的开发利用成本，即生产成本；开发利用造成的外部成本，如环境退化或损失成本等；使用者成本，即用某种方式使用某一自然资源时放弃的以其他方式利用同一种自然资源困难获得的最大纯收益（戴波等，2004）。

2.1.8 产权理论

产权是财产及其相应的权利，它与利润动机结合在一起给人们提供了行为动机；完善而明确的产权在资源的合理配置方面发挥着重要的激励作用。产权的本质是将外部性内在化的一种机制。因此，完善和规范明确的产权以及其合理界定随着经济的发展而变化，是资源有效配置的基础性前提。一旦这一环节不协调，就会导致产权失灵、资源配置缺乏效率，社会经济运行就会出现相应的问题，环境问题便是其中之一。所以，根据产权概念，资源和环境的产权是指所有和使用资源以及享有良好环境质量相关的权利。对于进行生态系统服务功能的价值评估而言，产权理论是很多方法应用的基础，其核心就是明确产权范围及其主体，从而为支付意愿或者接受赔偿意愿的调查打下基础。

2.1.9 非市场价值论

由于许多自然的公共物品或服务（如水源涵养、生物多样性等）没有进入市场交易，很难用市场化方法来评价其真实价值，需要采用非市场方法。例如，采用在市场上可交换的某种产品或服务的数据来推算和分析非市场的自然物品和服务的价值；风景名胜的价值可以用旅行费用法来估算；用当前不同住宅土地的价格来推算本区域环境（如空气、水体等）质量的价值；以支付意愿指标来确定自然物品或服务的价值。或者以具有可替代产品和服务的最低成本作为被评价对象的价值，如按照符合一定水质标准的某一类废水处理设施和运行管理费用来替代具有类似环境净化功能的自然生态系统（如湿地）的价值进行估算（戴波等，2004）。

2.1.10 生态经济价值理论

传统的商品价值构成包括："转移价值（*C*）+劳动力价值（*V*）+利润（*M*）"，传统的商品价格构成包括：原料价格（自然资源开发成本利润）+工资+折旧费、管理费等+利润；上述传统价值、价格模式中，没有包括使用自然生态环境资源而转移过来的价值，即自然生态环境资源的价值没有通过一般商品价值的实现而得到足量的实现，或是隐藏在利润中了，也就是人们常说的以牺牲生态环境为代价（王健民等，2001）。

现代经济学观点认为，人类社会生产所需要的一切资源都来自生态系统，生产和消费过程中生产的废弃物最终也必然返回生态系统，生产经济系统与生态环境系统之间存在着不间断的物质、能量、信息和价值的流动，自然界是动态变化的。另外，社会生产和再生产过程也绝不能离开自然生产与再生产过程以及人的生产与再生产过程而孤立存在。生态环境资源价值是用于自然资源和生态环境再生产（包括保护、恢复、再生、更新、增殖、积累自然资源，保持并扩大自然资源总量和供给能力，以满足当代的后世国民经济和社会发展对自然资源日益增长的需求）所投入的物化劳动与活劳动。自然再生产、社会再生产与经济再生产已形成一个生态经济有机整体，自然生态资产与社会经济资产虽然有质的区别，但它们之间可以相互转化，都是社会总资产的组成部分（王松霈，1992；戴波等，2004）。

2.1.11 可持续发展理论

长期以来，由于人类对自然资源的依赖不断扩大，衣食住行、能源、资源和高等享受的需要欲望不断膨胀，必然使自然资源和生态系统发生变化，以至于超出其环境承载力和维持生态平衡的能力。从这个角度理解可持续发展的核心，就是要通过自然资源的价值核算充分认识人类与自然资源的价值关系，从而认识自然资源的功能与价值的关系，以及自然资源的利用、开发与补偿的关系，这些都是人与自然资源建立和谐关系的基础，是认识可持续发展思想的关键，同时也为如何建立自然资源可持续发展管理机制和经济补偿制度奠定了坚实的基础（于连生，2004；王方，2012）。

2.2 生态资源资产评估指标体系

2.2.1 生态系统服务功能价值评估指标体系

针对不同生态系统，不同学者提出了各自相应的服务功能价值评估指标体系。由于生态系统的复杂性和评估对象的差异性，相同生态系统的指标体系间也会存在一定的差异。因此，本书所述生态系统服务功能价值评估指标体系可供参考，同时还需要根据物质量可量化、价值量可货币化和数据可获得性等原则对具体评估对象的指标体系进行优化，以寻求最适宜的评估指标体系。

2.2.1.1 海洋生态系统服务功能价值评估指标体系

海洋作为地球生态系统的重要组分之一，对地球上的生命和人类具有重要的生态学、社会学和经济学意义。海洋生态系统是人类赖以生存和发展的基础，为人类提供丰富的食物和原材料以及空间，是自然界稳定的有机碳库、资源库、基因库和能源库。另外，海洋生态系统对于维持生态平衡、改善生态环境和保护生物多样性等方面也具有十分重要的作用。

与陆地生态系统相比，由于海洋生态系统的特殊性，不能完全照搬陆地生态系统的服务功能价值评估指标体系。联合国 MA 中提出海洋生态系统服务功能包括供给服务（食品生产、原料生产、氧气提供、基因资源提供）、调节服务（气候调节、废弃物处理、生物控制、干扰调节）、文化服务（休闲娱乐、文化用途、科研价值）和支持服务（初级生产、营养物质循环、物种多样性维持）四大类 14 小类，分别对应着人类对生态系统的 4 个基本用途，即提供物质资源、分解废弃物、满足精神需求和满足生存需求。

2011 年，《海洋生态资本评估技术导则》（GB/T 28058—2011）发布，成为海洋生态系统服务功能价值评估的重要参考依据。陈尚等（2013）在 MA 分类框架下提出的海洋生态系统服务功能分类指标体系的基础上，基于物质量可量化、价值量可货币化和数据可获得性 3 条评估原则，对 14 个海洋生态系统服务功能评估指标进行了删减、拆分和增加，形成了新的评估指标体系（表 2-1）。该指标体系仍由供给服务、调节服务、文化服务和支持服务 4 个类型组成，删减了原料生产、提供基因资源、生物控制、干扰调节、文化用途、初级生产和营养物质循环，将食品生产拆分为养殖生产和捕捞生产，增加了生态系统多样性维持，共计 9 个指标。

表 2-1 海洋生态系统服务功能价值评估指标体系

	服务类型	服务功能指标
海洋生态系统服务功能	供给服务	养殖生产
		捕捞生产
		氧气生产
	调节服务	气候调节
		废弃物处理
	支持服务	物种多样性维持
		生态系统多样性维持
	文化服务	休闲娱乐
		科研服务

资料来源：陈尚等，2013。

2.2.1.2 森林生态系统服务功能价值评估指标体系

森林是自然界最丰富、最稳定和最完善的有机碳贮存库、基因库、资源库、蓄水库和能源库，是陆地生态系统的主体，是人类发展不可缺少的自然资源。森林生态系统服务功能是森林生态系统与生态过程所形成及所维持人类赖以生存的自然环境条件与效用。2008 年，国家林业局颁布的林业行业标准《森林生态系统服务功能评估规范》（LY/T 1721—2008），共分 8 个类别，14 个评估指标，该规范是目前森林生态系统生态服务功能评估主要参照依据。然而在实际应用时，大多研究者往往结合 MA 提出的生态系统服务功能分类方法，从供给服务、支持服务、调节服务和文化服务功能 4 个方面，建立相应的评价指标体系（表 2-2）。

表 2-2 森林生态系统服务功能价值评估指标体系

服务类型	服务功能	功能指标
供给服务	林木产品	木材
	林副产品	水果
调节服务	固碳释氧	固定 CO_2
		释放氧气
	净化空气	释放负离子
		吸收 SO_2
		吸收 NO_x
		滞尘
		降低噪声
		杀菌
	涵养水源	调节水量
		净化水质
	保育土壤	固土
		保肥（N、P、K）
		农田防护
支持服务	林木营养物质积累	N、P、K
	保护生物多样性	物种保护
文化服务	科研与教育价值	科研与教育
	森林游憩价值	景观与美学、旅游

2.2.1.3 湿地生态系统服务功能价值评估指标体系

湿地是陆地生态系统和水生生态系统之间的过渡地带，兼具两者的共同性质，同时又独具特性。湿地作为一种独特的生态系统，可以为人类提供多种资源和生态服务功能，具有巨大的经济效益、生态效益和社会效益。构建湿地生态系统服务功能价值评估指标体系，对湿地生态系统服务功能价值进行科学、全面的评估，是湿地保护和合理利用的基础。根据 MA 的分析框架，湿地生态系统服务功能价值评估的指标体系包括 4 个方面：供给服务、调节服务、文化服务和支持服务。

李文华（2008）根据湿地生态系统分类特征和数据情况，将我国湿地生态系统分为河流、水库、湖泊和沼泽 4 种类型，并针对不同类型提出了相应的湿地生态系统服务功能价值评估指标（表 2-3）。

表 2-3 湿地生态系统服务功能价值评估指标体系

功能类型	服务类型	河流	湖泊	水库	沼泽
供给功能	供水	√	√	√	√
	发电	√	√	√	—
	航运	√	√	√	—
	水产品	√	√	√	√
调节功能	调蓄洪水	—	√	√	√
	河流输沙	√	—	—	—
	水资源蓄积	—	√	√	√
	土壤持留	—	√	√	—
	水质净化	—	√	—	—
	气候调节	—	—	—	—
支持功能	水循环	—	—	—	—
	生物多样性维持	√	√	√	√
文化功能	文化多样性	—	—	—	√
	休闲娱乐	√	√	√	√

注：表中“√”表示具备该类型生态效益并可以进行价值评估；“—”表示不具备该类生态效益或由于数据原因未进行价值评估。

资料来源：李文华，2008。

2017 年国家林业局颁布的《湿地生态系统服务评估规范》（LY/T 2899—2017），包括 4 个类别（一级指标）和 19 个二级评估指标，为湿地生态系统服务评估提供了有力的参照依据。

2.2.1.4 农田生态系统服务功能价值评估指标体系

农田生态系统是陆地生态系统中较为重要的生态系统之一，对人类的生存环境具有十分重要的影响。但是，作为一种半自然半人工的生态系统，农田生态系统在人类活动的强烈干预下，具备了许多特殊的功能，如较高的物质供给功能、兼具正负双重环境效应等。农田生态系统的服务功能是指农田生态系统与其生态过程所产生及所维持的人类赖以生存的物质产品和效用。一般来说，农田生态系统的服务功能主要包括农产品和工业原料生产、气候调节、环境净化、水土保持以及文化与社会保障等几个方面（表 2-4）。

表 2-4 农田生态系统服务功能价值评估指标体系

	服务类型	服务功能指标
农田生态系统服务功能	供给服务	农产品和工业原料生产（食物、经济作物）
	调节服务	气候调节
		环境净化
		水土保持
	支持服务	物种多样性维持
		土壤的形成与保护
	文化服务	景观与美学、旅游
		科研与教育

2.2.2 生态资源资产价值评估指标体系

2.2.2.1 评估指标构建原则

生态资源资产评价框架与指标体系构建所需要遵循的原则有以下几个方面（谢高地，2017）。

（1）需要以现有自然资源环境统计和核算体系为基础

我国在自然资源与环境统计方面已形成了包括土地资源、水资源、森林资源和环境统计等九大类别为主要内容的资源环境统计体系，积累了大量数据资料。本生态资产评价框架的内容建立在已有的统计和核算体系之上，与已有体系在标准与格式上可以对接，在核算信息基础上形成报表体系，实现原有统计和核算体系延展和深入。

（2）存量和质量并重

生态资产评价框架主要反映生态资产变动，是列报项目需要数量、质量和价值并重的“管理报表”，指标选择尽可能反映自然资源存量资产规模数量与质量情况，以及流量资产及其变化情况和变化原因，以达到全面正确评估各类生态资产的目的。

（3）存量与流量并重

围绕绩效考核诉求，将反映绩效考核数据要求的所有关键存量和流量生态资产数据进行列报和评价。

（4）可操作性

指标的定量化数据要易于获得和更新，虽然有些指标对某类自然资源和生态系统价值有极佳的表征作用，但由于数据缺失或不全，有些甚至无法监测，就无法进行计算并纳入评价框架体系。因此指标的选择必须具有较强的可操作性，这样才有可能在实践中应用和推广。

2.2.2.2 评估指标体系

区域生态资产评估指标体系以存量和价值量分别作为评估对象，构成评估指标的框架体系（表 2-5）。

表 2-5 生态资源资产评估指标体系

评估类型	资产类型	指标	期初	期末	变化
森林	资产存量	面积			
		生物量			
	资产质量	植被覆盖度			
		单位面积林木蓄积量			
	资产价值	林地价值			
		林木价值			
		生态系统服务功能价值			
湿地	资产存量	面积			
		水面面积			
	资产质量	植被覆盖度			
		蓄水量			
		水体水质			
	资产价值	湿地价值			
		水体价值			
		植被价值			
		生态系统服务功能价值			
农田	资产存量	耕地面积			
		生物量			
	资产质量	复种指数			
		农产品产量			
		生态服务价值			
	资产价值	耕地价值			
		农产品价值			
		生态系统服务功能价值			
海洋	资产存量	面积			
		生物量			
	资产质量	水体水质			
	资产价值	海洋价值			
		生态系统服务功能价值			

资料来源：在谢高地文献基础上整理（谢高地，2017）。

2.2.2.3 评估指标含义

（1）面积

面积指森林、农田、湿地、海洋生态系统的水平投影面积，单位为 hm^2 或 m^2 等。

（2）生物量

生物量指森林、农田、湿地、海洋生态系统在某一时刻单位面积内实存生活的有机物质（干重）的总量，单位为 kg/m^2 或 t/hm^2。

（3）覆盖度

覆盖度指植被（包括叶、茎、枝）在地面的垂直投影面积占统计区总面积的百分比。

（4）林木蓄积量

林木蓄积量指一定面积森林（包括幼龄林、中龄林、近熟林、成熟林、过熟林和枯立木林分）中，生长着的林木总材积，主要是指树干的材积，单位为 m^3。

（5）林地价值、耕地价值、湿地、海洋价值

林地、耕地、湿地、海洋面积，通过价值核算后的价值，单位为万元。

（6）林木价值

林木价值指林木蓄积量通过价值核算后的价值，单位为万元。

（7）生态服务价值

生态服务价值指林地、耕地、湿地、海洋生态系统为社会所提供的公益性价值或无形、舒适性的生态服务价值，如涵养水源、固碳释氧、休闲娱乐等，单位为万元。

（8）耕地面积

耕地面积指可以用来种植农作物、经常进行耕锄的田地的面积，单位为 hm^2 或 m^2 等。

（9）复种指数

复种指数指一定时期内（一般为 1 年）在同一地块耕地面积上种植农作物的平均次数，即年内耕地面积上种植农作物的平均次数，数值上等于年内耕地上农作物总播种面积与耕地面积之比。

（10）农产品产量

农产品产量指一定时期（日历年度）内耕地上生产的各类农产品的实物量，单位为 t 或 kg。

（11）农产品价值

农产品价值指各类农产品的实物量经过交易后形成的价值之和，单位为万元。

（12）水面面积

水面面积指湿地在某一水位线时，水域边界范围内的面积，单位为 hm^2 或 m^2 等。

（13）蓄水量

蓄水量指特定水位情况下湿地中的水量，单位为 m^3。

（14）水体水质

水体质量简称水质，它标志着水体的物理特性（如色度、浊度、臭味等）、化学特性（无机物和有机物的含量）和生物特性（细菌、微生物、浮游生物、底栖生物的含量）及其组成的状况。

（15）水体价值

水体价值指湿地中蓄水量经价值核算后的价值，单位为万元。

（16）植被价值

植被价值指湿地中植被经价值核算后的价值，单位为万元。

2.3 生态资源资产评估方法

生态资源资产价值评估包括自然资源资产评估和生态系统服务功能评估两部分，即资产存量评估和资产流量评估。资产存量评估可以商品化或市场化，可以采用一些比较成熟的资产估价方法，如重置成本法、收益现值法、现行市价法等；而生态系统服务功能价值评估目前还没有找到比较理想的方法，是当今生态资源资产评估中的难点问题之一。根据国内外学者的研究成果，目前生态系统服务功能价值的评估方法可分为 5 类：直接市场法、替代市场法、模拟市场法、能值分析法和其他方法。

2.3.1　生态系统服务功能价值评估方法

2.3.1.1　直接市场法

直接市场法是指具有实际市场，经济价值以市场价格来体现的方法，包括费用支出法和市场价值法（表 2-6）。直接市场法是建立在充分的信息和比较明确的因果关系基础上的，比较客观，争议较少，但采用此法需要足够的实物量数据和市场价格数据，而相当一部分自然资源根本没有相应的市场，也就没有市场价格，或者其现有的市场也只能部分地反映自然资源数量和质量变动的结果，其局限性较大（林向阳，2007）。

表 2-6　直接市场法的优缺点

类型	主要方法	适用范围	优点	缺点
直接市场法	费用支出法	消费者产生实际花费时	从消费者角度利用支出费用较好地量化生态服务的价值，且简单易行	只计算总的支出费用，不能全面、真实地反映生态资源资产价值，与实际游憩价值差距大
	市场价格法	可以在市场上进行交易买卖的生态系统产品和服务	可直观地评估生态服务功能的某些价值，评估比较客观、可信度较高	应用范围较窄需要全面充足的数据，只能核算直接使用价值，难以核算间接使用价值和存在价值

（1）费用支出法

费用支出法是以人们对某种生态服务功能的支出费用来表示其生态价值。例如，对于自然景观的游憩效益，可用游憩者支出的费用总和作为该生态系统的游憩价值（包括往返交通费、餐饮费、住宿费、门票费、设施使用费、摄影费以及购买纪念品等费用）。费用支出法通常又分为 3 种形式：总支出法，以游客的费用总支出作为游憩价值；区内支出法，仅以游客在游憩区支出的费用作为游憩价值；部分费用法，仅以游客支出的部分费用作为游憩价值。

（2）市场价值法

市场价值法是对有市场价格的生态系统产品和功能进行估价的方法，它是估算生态系统服务功能最直接的方法。市场价值法能够很好地评价与商品产量呈显著线性关系的湿地的价值，而且操作比较简单、直观，评估比较客观，数据获取方便、可信度较高。例如，评价生态系统的食品生产功能即向人类提供的各种粮食、水果、水产品等产品的功能价值，可采用市场价值法，根据各种产品的市场价格来评估该服务功能的价值。

市场价值法的计算公式

$$V=\sum_{i=1}^{n}Y_iP_i \quad (2\text{-}1)$$

式中：V——资源的价值量；

Y_i——第 i 类物质的产量；

P_i——第 i 类物质的市场价格。

2.3.1.2 替代市场法

替代市场法是指没有实际市场和市场价格，通过估算替代商品的市场价格间接获取经济价值的方法，包括机会成本法、替代成本法、恢复和防护费用法、影子工程法、旅行费用法、享乐价格法和人力资本法等（表 2-6）（赵金龙等，2013）。

（1）机会成本法

机会成本法是指做出某一决策而不做出另一种决策时所放弃的利益。此法也是费用效益分析的组成部分，常被用于某些资源应用的社会净效益不能直接估算的场合，是一种非常实用的技术。任何一种资源的使用，都存在许多相互排斥的待选方案，为了做出最有效的选择，必须找出生态经济效益或社会净效益的最优方案。资源是有限的，选择了这种使用机会就会失去另一种使用机会，也就失去了后一种获得效益的机会，人们把失去使用机会的方案中能获得的最大收益称为该资源选择方案的机会成本。

机会成本法的表达式为

$$C_k=\max\{E_1, E_2, E_3, \cdots, E_i\} \quad (2\text{-}2)$$

式中：C_k——k 方案的机会成本；

E_1，E_2，E_3，…，E_i——k 方案以外的其他方案的收益。

（2）替代成本法

替代成本法是指生态系统服务价值是以提供替代服务的成本为基础的，它建立在这一基本前提假设基础上，即某种生态系统服务至少必须是人们愿意花钱来换取它。该方法的有效性主要取决于以下条件：① 替代品提供的服务与原物品相同；② 替代品的成本应该是最低的；③ 有足够的证据证明这种成本最低的替代品是人类所需的。该方法的缺点是生态系统的许多服务是无法用技术手段代替和难以准确计量的。例如，森林涵养水源每年给社会带来的收益很难计算，但可以假设如果不存在森林，把森林涵养的水量和能蓄同等水量的水库相比，则水库的投资、运行、管理所需的费用就成为森林涵养水源的评价值。替代成本法的难点在于如何确定替代工程的合理化成本，以及替代工程是否在经济上完全等价，因为替代工程和生态系统服务各自的溢出效应是不一样的。

（3）恢复和防护费用法

恢复和防护费用法是指将为消除或减少有害环境影响，以及恢复或防护一种资源不受污染所需要的费用作为环境资源破坏带来的最低经济损失的方法。人们为防止环境恶化而支出一定金额的费用，反映了环境质量改善所带来的经济效益。

（4）影子工程法

影子工程法也称替代工程法，当生态系统的某种服务价值难以直接估算时，采用能够提供类似功能的替代工程或影子工程的价值来评估该种服务功能价值。例如，森林生态系统生产有机物的价值、涵养水源的价值、海洋生态系统的生物庇护功能的评估，可以采用本方法。

影子工程法的理论公式为

$$V = G = \sum_{i=1}^{n} X_i \ (i = 1, 2, \cdots, n) \tag{2-3}$$

式中：V ——生态系统服务功能价值；

G ——替代工程的造价；

X_i ——替代工程中 i 项目的建设费用。

利用影子工程法可以将本身难以用货币表示的生态系统服务功能价值用其替代工程来计量，将不可知转化为可知，化难为易。但该方法也有一定的局限性：① 替代工程的非唯一性。例如，要想蓄存与生态系统涵养的水分量相同的水量，可以存在多种替代工程，修建水库只是其中的一种，还可以修建多级拦水堤坝，还可以在平原上修挖池塘来蓄存同样的水。由于替代工程措施的非唯一性，所以工程造价就有很大的差异，因此必须选择适宜便于计价的影子工程。② 两种功能效用的异质性。例如，替代工程的功能效用与生态系统涵养水分的功能效用是不一样的。主要差别在于生态系统涵养水分的量与生态系统土壤的结构、性质、植被和凋落物层等有直接关系而水利工程蓄水的功能则与此有很大的不同，特别是生态效益上有很大的差异。因此，运用影子工程法不能完全替代生态系统给人类提供的服务。

（5）旅行费用法

生态资源的一个重要功能是休闲娱乐功能，对于其娱乐价值的评估多采用旅行费用法。这种方法是基于旅游者在旅行中的支出和花费对旅游地区的旅游价值进行估算。旅行费用主要包括花费在旅途中的交通费用、门票费用、餐饮费用等。通过旅行费用调查问卷可以获取有关旅行花费的信息。旅行时间价值是由于进行旅游活动而不能工作损失的价值，一般用个人日收入和旅游天数的乘积表示。此外，人们使用某一景点的费用常比其实际最大支付意愿低许多，其差价被称为“消费者剩余”，并以其作为生态游憩的价值。

生态系统服务功能旅游价值的估算公式为

$$V = C_1 + C_2 + C_3 \tag{2-4}$$

式中：V——休闲旅游价值；

C_1——旅行费用支出；

C_2——消费者剩余；

C_3——旅游时间价值。

旅行费用法能够计算生态系统游憩的、无市场价格的使用价值。但景区的门票价格并不能反映旅游者的实际支付意愿。而且如果一个人在一次旅行中到达多个景区，就难以确定其在被研究区域景区的支出。

（6）享乐价格法

享乐价格法是利用物品的潜在价值来估算资源环境对资产价值影响的方法，如房地产价格受到该房地产周围资源环境影响时，可以从其价格中分离出资源环境的价格。西方国家的享乐价格法研究表明：树木可以使房地产的价格增加

5%～10%；环境污染物（如硫化物、氮氧化物和尘埃）每增加一个百分点，房地产价格将下降 0.05%～1%。

（7）人力资本法

人力资本法也称工资损失法，该方法通过市场价格和工资多少来确定个人对社会的潜在贡献，并以此来估算生态环境变化对人体健康影响的损益。生态环境的变化会对人类的健康产生很大的影响。优美的生态环境会使人心情舒畅，有益于身心健康。相反，生态环境的破坏特别是环境污染会对人体健康造成极大损害，甚至危及人的生命。如果由于生态环境的破坏，使人的劳动能力丧失或失去生命，那么其对社会的贡献就减少到零甚至为负贡献。从社会角度来看，这就是一种损失，而这种损失通常可以用个人的劳动价值作等价估算。个人的劳动价值是考虑性别、年龄和教育等因素的每个人未来的工资收入经贴现折算为现在的价值。

表 2-7　直接市场法的优缺点

类型	主要方法	适用范围	优点	缺点
替代市场法	机会成本法	适用于对具有唯一性或不可逆转性特征的生态资源开发项目的评估	方法简单实用，公众易接受；适用于某些不能直接估算的社会的纯效益	无法评估非使用价值及某些难以通过市场化衡量的事物的效益
	替代成本法	替代品能提供原产品的相同功能，具有较低成本；对替代品的人均需求应与原产品完全一致	采用替代方法解决了难以估算支付意愿的生态系统服务功能价值的难题	方法的有效性取决于公众对信息的掌握程度，因此成本的计算会产生误差
	恢复和防护费用法	从消费者的角度，是环境质量下降、生态系统服务减少的最小成本	不需要详细的信息和资料，解决了生态服务功能不具市场性的问题	价值受多种因素的影响，成本只是其中一方面，容易造成低估
	影子工程法	常用于生态环境的经济价值难以直接估算时的环境估价	可以将难以直接估算的生态服务功能价值用替代工程的方法计算出来	替代工程非唯一性，替代工程时间性、空间性差异较大
	旅行费用法	用于评估生态系统服务功能的游憩价值	方法和理论符合传统经济学原理，建立在市场的基础上，受公众认可、可信度提高	此方法没有完全市场化，评估结果受当地经济条件的影响

类型	主要方法	适用范围	优点	缺点
替代市场法	享乐价格法	用于估计影响市场商品的环境舒适度因素的价值	建立在市场基础之上，反映了消费者的实际偏好，具有较高的可信度	统计模型复杂，方法不全面，难以覆盖有些领域生态服务功能的评估
	人力资本法	用于估计生态环境变化对健康的影响	主要用于各种生态环境变化对人体健康造成的影响，具有针对性	只有明确了健康和污染源影响关系才能评估，评估结果往往过高而不可靠

2.3.1.3 模拟市场价值法

模拟市场价值法，是指不存在实际市场和市场价格，通过虚拟市场来评估经济价值的方法，包括条件价值法和意愿选择法等（赵金龙等，2013）。

（1）条件价值法

条件价值法又称意愿调查法、问卷调查法或假设评价法，是一种模拟市场评价方法，它以支付意愿（WTP）和净支付意愿（NWTP）表达环境商品的经济价值。条件价值法是从消费者的角度出发，在一系列假设前提下，假设某种“公共商品”存在并有市场交换，通过调查、询问、问卷、投标等方式来获得消费者对该“公共商品”的 WTP 或 NWTP，综合所有消费者的 WTP 和 NWTP，即可得到环境商品的经济价值。该方法是基于调查对象的回答，直接询问调查对象的支付意愿是该方法的特点，同时也是该方法的不足之处。条件价值法被认为是评估生态系统服务功能非使用价值的唯一方法，其基本理论依据是效用价值理论和消费者剩余理论，根据个人需求曲线理论和消费者剩余，补偿变差及等量变差两种计量方法，运用消费者的支付意愿或接受赔偿的愿望来度量生态系统服务功能价值。

（2）选择试验法

选择试验法是一种基于随机效用理论的非市场价值评估的揭示偏好技术，包括联合分析法和选择模型法。联合分析法给参与者提供一种由一系列有价值特征组成的物品的复合物品的简洁描述，每一种描述都与该复合物品的一种或多种特征的其他描述相区别。参与者基于个人偏好，对各种描述情景进行两两比较，接受或拒绝一种情景。在建立一系列反映后，就有可能区分单个特征的变化对价格变化的影响。该方法在解决与生态系统服务功能价值评估相关的“效益转移”问题上具有重要价值。选择模型法主要用于确定复合物品某种特征的质量变化对该物品价值的影响，因此可以通过评估相关的特征质量水平对完全不同的环境地点进行评估。这需要有关评估地点的质量特征的数据和通过一系列试验得到的对这些特征的需求曲线，就可以把独立的质量特征的效益或价值转移用于评价一个新的地点。

2.3.1.4 能值分析法

能值是一个新的科学概念和度量标准，由美国著名生态学家 Odum 于 20 世纪 80 年代提出。他提出了能值-货币比率、能值-货币价值、能值投资率、能值产出率及能值交换率等一系列能值评价指标（Odum，1996；蓝盛芳等，2001）。

某种流动或贮存的能量所包含的另一种能量的数量，就是该能量具有的能值。能值实质就是包含能量，任何形式的能量均源于太阳能，故常以太阳能为基准来衡量各种能量的能值。任何资源、产品或劳务形成所需直接和间接应用的太阳能之量，就是其所具有的太阳能值，单位为太阳能焦耳。以能值为基准，可以衡量和比较生态系统中不同等级能量的真实价值与贡献。

能值评估法是以能值为基准，把生态系统或生态经济系统中不同种类、不可比较的能量转换成同一标准的能值来衡量和分析，从中评价其在系统中的作用和地位；综合分析系统中各种生态流（能物流、货币流、人口流和信息流），得出一系列能值综合指标，定量分析系统的结构功能特征与生态经济效益，该方法为研究生态资产提供了一个客观评价标准。如 Hongfang（2017）利用能值分析法从“供给者”的角度评估中国东南地区的亚热带森林和种植园的森林生态系统服务价值。

能值分析法能充分考虑无法货币化的生态服务对人类社会的重要贡献以及不同种类能量之间等级和质的差异性，将生态系统与人类社会经济系统有机结合起来。另外，能值分析法能够避免人为因素，具有量纲统一、热力学方法严密性等优点。但是从已有的研究来看学者们使用的太阳能值转换率只适合较大范围区域的能值分析，对于较小区域或个体的能值分析，其研究适用性和能值数据可得性都值得商榷。不同区域的生产水平的异质性决定人类经济产品的能值转换率有较大差别。因此在实践分析过程中要具体考虑太阳能值转换率和能值函数问题。能值指标的选择和确定则需要与研究区域的经济投入与产出联系起来，在具体的实践中不断地修正和完善。

2.3.1.5 其他分析法

除了直接市场法、替代市场法、模拟市场法和能值分析法外，还有以下几种常用分析方法。

（1）专家咨询法

专家咨询法是对市场法的一种模拟。它是将专家设定为市场潜在购买者，利用其知识、经验和分析判断能力对价格进行鉴证的一种方法。其过程包括专家的选择和对专家意见的分析处理两方面。专家咨询法是一种简单易行、应用方便的方法，比较适用在难以应用市场价值法、替代成本法等方法进行价格鉴证时采用。但专家咨询法也存在明显的不足，主要是受人的主观因素影响比较大（如专家的专业水平和权威性、专家的心理状态、专家对价格鉴证的兴趣、价格鉴证人员对专家的引导等，都可能影响结果的准确性）。在生态系统服务功能价值评估过程中，如果上述方法不适用或针对评估对象的特殊性等因素，可以采用专家咨询法，或者就其中某些关键问题的确定上也可以采用此方法。

（2）碳税法

碳税法主要用于评估绿色植物固碳释氧的生态功能价值，是根据光合作用方程式，以干物质生产量来换算植物固定二氧化碳和释放氧气的量，再根据国际和我国对二氧化碳排放收费标准，将生态指标换算成经济指标，得出固定二氧化碳的经济价值。通过光合作用反应方程式得到固碳释氧及吸收二氧化碳之间的数量关系，再将物质量置换为价值量。

（3）造林成本法

植树造林可通过植物固碳，降低大气中二氧化碳的浓度，那么森林固定二氧化碳的经济价值就可根据造林地费用来计算，是单位面积植物碳素的净生长量和造林成本以及植物总面积三者的乘积。我国造林成本法一般采用杉木、马尾松、泡桐的平均造林成本，转换成固定二氧化碳的成本，目前通常采用林木的蓄积量乘以造林成本的 20%来计算。

（4）成果参照法

成果参照法又称为效益转移法，即基于特定地区或国家（通常称为“研究地”）运用各种方法已获得的实证研究结果，通过适当调整后，转移到待研究地去（通常称为“政策地”），从而得到政策地自然生态环境的价值。相关学者对该方法的评估结果进行的有效性检验显示，其误差在可接受的范围内，因此可作为自然生态环境价值评估的有效方法之一（吴欣欣等，2012）。

2.3.2 生态资源资产存量价值评估方法

生态资源资产存量主要是指构成生态系统的用地、生物、环境要素等资源资产的总称。

2.3.2.1 收益还原法

收益还原法又称收益现值法、收益资本金化法，是指被评估对象在未来每年预期纯收益（正常年纯收益）的基础上，以一定的还原率，将评估对象在未来每年的纯收益折算为评估时日收益总和的一种方法。收益还原法是国际上公认的自然资源资产价值评估的基本方法之一，也是对市地、房屋、不动产或其他具备收益性质的资产进行评估的基本方法。

收益还原法计算公式为

$$P=a/r[1-1/(1+r)^n] \tag{2-5}$$

式中：P——自然资源资产价值；

r——还原利率；

a——自然资源的平均年收益；

n——使用年限。

使用收益还原法的条件是：① 评估对象使用时间较长且具有连续性，能在未来若干年内取得一定收益；② 评估对象的未来收益和评估对象的所有者所承担的风险能用货币来衡量。

2.3.2.2 现行市价法

现行市价法也称市场法、比较法、现行市价法，它是指通过比较被评估的自然资源资产与最近出售的类似的自然资源资产的异同，并将类似自然资源资产的市场价格进行合理调整，从而确定被评估自然资源资产价值的一种资产评估方法。

现行市价法计算公式为

$$E=K\times K_b\times G \tag{2-6}$$

式中：E——单位（面积或蓄积或体积）自然资源资产的评估价值；

K——自然资源质量调整系数；

K_b——物价调整系数；

G——参照物交易的单位（面积或蓄积或体积）面积市场价格。

现行市价法是一般资源资产评估中使用最为广泛的方法。使用现行市价法条件是：① 市场上存有与被评估资产相同类似的 3 个以上的资产交易案例，并可作为参照物；② 资产市场发达有充分参照物可取；③ 价值影响因素明确，并且可以量化计算。

2.3.2.3 重置成本法

重置成本法是指在自然资源资产评估时按被评估资产的现时重置成本扣减其各项损耗价值来确定被评估自然资源资产价值的方法。

根据替代性原则，在进行资产交易时，购买者所愿意支付的价格不会超过按市场标准重新购置或构建该项资产所付出的成本。如果被评估对象是一台机器，则被评估对象的价值为它的重置成本。如果被评估资源资产已经使用过，则应从重置成本中扣减在使用过程中自然磨损、技术进步或外部经济环境导致的各种贬值。

重置成本法计算公式为

$$E = K\sum_{i=1}^{n} C_i (1+i)^{n-i+1} \tag{2-7}$$

式中：E——单位（面积或蓄积或体积）自然资源资产的评估价值；

K——自然资源质量调整系数；

C_i——第 i 年以现时工价及生产水平为标准计算的生产成本，主要包括各年投入的劳动力工资、物质消耗、地租、管理费用等；

n——资源的使用年限（年龄）；

i——收益率。

应用重置成本法，一般要有 3 个前提条件：① 购买者对拟进行交易的评估对象不改变原来用途；② 评估对象的实体特征、内部结构及其功能效用必须与假设重置的全新资源资产具有可比性；③ 评估对象必须是可以再生的、复制的，不可再生的、不可复制的对象不能采用重置成本法。

2.3.2.4 自然资源价值核算模型

鉴于以上方法的局限性，依据自然资源价值核算的理论基础，即自然资源的价值包括自然资源凝结人类劳动的"现实社会价值"部分和自然资源本身蕴藏的"潜在社会价值"部分，建立一种新的自然资源价值核算模型，该模型包括"现实社会价值"和"潜在社会价值"。前一部分对于可耗竭资源来说，主要是投入某处自然资源的物化劳动和活劳动的货币表现；对于可再生资源而言，则是人类投入原始再生资源和人工再造资源的物化劳动和活劳动的货币表现。后一部分则表现为自然资源带来未来收益的货币表现（葛京凤等，2004）。

自然资源价值核算计量模型可表示为

$$V=\sum_{i=1}^{m}V_i(1+r)^i+\sum_{j=1}^{m}\frac{V_j}{(1+r)^j} \tag{2-8}$$

式中：V——某处自然资源的总价值；

V_i——每年投入到该处自然资源物化劳动和活劳动的货币值；

m——从开始投资到确定自然资源价值的时间间隔，一般以年为单位；

V_j——该处自然资源每年取得的总收益（级差收益和绝对收益）；

n——该处自然资源从确定价值时开始预计可使用年限，其确定要根据可耗竭资源的最优耗竭速度，可再生资源开发的最优时间来确定；

r——贴现率。

例如，要核算某处矿产资源的价值，则需要知道每年投入到该处矿产资源物化劳动和活劳动的货币资金，核算为 10 万元，从开始找矿投资到确定自然资源价值的时间间隔为 5 年，该处矿产资源每年取得的总收益为 1 亿元，预计可使用的年限为 10 年，贴现率为 10%，运用上述公式即可求出该处矿产资源总价值为 61 亿元。

该法既核算了自然资源的现实社会价值，包括人类从认识、勘探、开发到利用、保护自然资源所投入的物化劳动和活劳动的货币值，又从长远角度考虑了其潜在的社会价值，即自然资源在预计可使用年限内所取得的总收益，体现了自然资源的可持续性，符合人类对自然资源持续利用的要求。同时，对已经进入市场和还未进入市场的自然资源的价值都可以进行核算，但该法比较抽象，有待进一步深化和具体。

参考文献

[1] Costanza R. The ecological，economic and social importance of the oceans[J]. Ecological Economics，1999，31（2）：199-213.

[2] Costanza R，d'Arge R，de Groot R，et al. The value of the world's ecosystem services and natural capital[J]. Nature，1997，387：253-260.

[3] Groot RS，Wilson MA，Boumans RMJ. A typology for the classification，description and valuation of ecosystem functions，goods and services[J]. Ecological Economics，2002，41：393-408.

[4] du Hongfang Eliott Tcampbell，Daniel Ecampbell，et al. Dynamics of ecosystem services provided by subtropical forests in Southeast China during succession as measured by donor and receiver value[J]. Ecosystem Services，2017（23）：248-258.

[5] Matlock MD，Morgan RA. 生态工程设计——恢复和保护生态系统服务[M]. 吴巍译 . 北京：电子工业出版社，2013.

[6] Millennium Ecosystem Assessment（MEA）. Ecosystems and human well-being[M]. Washington，DC：Island Press，2005.

[7] Odum HT. Emergy in ecosystems. In：poluin N ed. Ecosystem Theory and Application[M].

Now York：John Wiley &Sons，1986：337-369.

[8] Odum HT. Environment Accounting：EMERGY and Environmental Decision Making[M]. New York：John Wiley & Sons，1996.

[9] Odum HT. Living with complexity[R]. In：Crafoord Prize in the Biosciences，Crafood Lecture，Stockholm：Royal Swedish Academy of Sciences，1987：19-87.

[10] Odum HT. Self-organization，transformity，and information[J]. Science，1988，242（4882）：1132-1139.

[11] 陈尚，任大川，夏涛，等. 海洋生态资本理论框架下的生态系统服务评估[J]. 生态学报，2013，33（19）：6254-6263.

[12] 陈志良. 生态资产评估技术研究进展[C]. 中国环境科学学会 2009 年学术年会，2009：300-305.

[13] 戴波. 生态资产与可持续发展[M]. 北京：人民出版社，2007.

[14] 戴波，周鸿. 生态资产评估理论与方法评介[J]. 经济问题探索，2004（9）：18-21.

[15] 杜国英，陈尚，夏涛，等. 山东近海生态资本价值评估——近海生物资源现存量价值[J]. 生态学报，2011，31（19）：5553-5560.

[16] 高吉喜. 区域生态资产评估[M]. 北京：科学出版社，2013.

[17] 葛京凤，郭爱请. 自然资源价值核算的理论与方法探讨[J]. 生态经济，2004（S1）：70-72.

[18] 何承耕. 自然资源和环境价值理论研究述评[J]. 亚热带资源与环境学报，2001，16（4）：1-5.

[19] 何浩，潘耀忠，朱文泉，等. 中国陆地生态系统服务价值测量[J]. 应用生态学报，2005，16（6）：1122-1127.

[20] 靳芳，鲁绍伟，余新晓，等. 中国森林生态系统服务价值评估指标体系初探[J]. 中国水土保持科学，2005，3（2）：5-9.

[21] 蓝盛芳，钦佩.生态系统的能值分析[J]. 应用生态学报，2001，12（1）：129-131.

[22] 李文华. 生态系统服务功能价值评估的理论、方法与应用[M]. 北京：中国人民大学出版社，2008.

[23] 林向阳，周冏. 自然资源核算账户研究综述[J]. 经济研究参考，2007，1（50）：14-24.

[24] 刘康，李团胜. 生态规划——理论、方法与应用[M]. 北京：化学工业出版社，2004.

[25] 刘鸣达，黄晓姗，张玉龙，等. 农田生态系统服务功能研究进展[J]. 生态环境，2008，17

（2）：834-838.

[26] 刘尧，张玉钧，贾倩. 生态系统服务价值评估方法研究[J]. 环境保护，2017（6）：64-68.

[27] 聂道平. 森林生态系统营养元素的生物循环[J]. 林业科学研究，1991（4）：435-440.

[28] 牛振国，宫鹏，程晓，等. 中国湿地初步遥感制图及相关地理特征分析[J]. 中国科学 D 辑：地球科学，2009，39（2）：188-203.

[29] 欧阳志云，王如松，赵景柱. 生态系统服务功能及其生态经济价值评价[J]. 应用生态学报，1999，10（5）：635-640.

[30] 欧阳志云，肖寒. 海南岛生态系统服务功能及空间特征研究[A]. 赵景柱，欧阳志云，吴刚. 社会—经济—自然复合生态系统与可持续发展研究[C]. 北京：中国环境科学出版社，1999.

[31] 潘鹤思，李英，陈振环. 森林生态系统服务价值评估方法研究综述及展望[J]. 干旱区资源与环境，2018，32（6）：72-78

[32] 沈丽，张攀，朱庆华. 基于生态劳动价值论的资源性产品价值研究[J]. 中国人口·资源与环境，2010，20（11）：118-121.

[33] 苏美蓉，陈晨，杨志峰. 城市湿地生态系统服务功能评估研究进展[J]. 安全与环境学报，2012，12（4）：149-156.

[34] 田静毅，耿世刚，王立新，等. 秦皇岛市生态安全问题与对策[J]. 水土保持研究，2007，14（1）：126-128.

[35] 王方. 祁连山自然保护区生态资产价值评估研究[D]. 兰州：兰州大学，2012.

[36] 王健民，王如松. 中国生态资产概论[M]. 南京：江苏科学技术出版社，2001.

[37] 王敏，陈尚，夏涛，等. 山东近海生态资本价值评估——供给服务价值[J]. 生态学报，2011，31（19）：5561-5570.

[38] 王松霈. 自然资源利用与生态经济系统[M]. 北京：中国环境科学出版社，1992.

[39] 吴珊珊，刘荣子，齐连明，等. 渤海海域生态系统服务功能价值评估[J]. 中国人口·资源与环境，2008，18（2）：65-69.

[40] 吴欣欣，陈伟琪. 成果参照法在自然生态环境价值评估中的应用现状及进展[J]. 环境科学与管理，2012，37（11）：96-100.

[41] 谢高地. 生态资产评价：存量、质量与价值[J]. 环境保护，2017（11）：18-22.

[42] 薛达元，包浩生，李文华. 长白山自然保护区森林生态系统间接经济价值评估[J]. 中国环境科学，1999，19（3）：246-252.

[43] 严茂超，Odum HT. 西藏生态经济系统的能值分析与可持续发展研究[J]. 自然资源学报，1998（2）：116-125.

[44] 于连生. 自然资源价值论及其应用统[M]. 北京：化学工业出版社，2004.

[45] 于新. 劳动价值论与效用价值论发展历程的比较研究[J]. 经济纵横，2010（3）：31-34.

[46] 战金艳. 生态系统服务功能辨识与评价[M]. 北京：中国环境科学出版社，2011.

[47] 张朝晖. 桑沟湾海洋生态系统服务价值评估[D]. 青岛：中国海洋大学，2007.

[48] 张华，康旭，王利，等. 辽宁近海海域生态系统服务及其价值测评[J]. 资源科学，2010，32（1）：177-183.

[49] 张翼然，周德民，刘苗. 中国内陆湿地生态系统服务价值评估——以71个湿地案例点为数据源[J]. 生态学报，2015，35（13）：4279-4286.

[50] 赵金龙，王泺鑫，韩海荣，等. 森林生态系统服务功能价值评估研究进展与趋势[J]. 生态学杂志，2013，32（8）：2229-2237.

3 秦皇岛市基本概况

3.1 秦皇岛市地理概况

3.1.1 地理位置

秦皇岛市位于河北省东北部，地理范围为北纬39°24′～40°37′，东经118°33′～119°51′。西隔滦河与唐山市滦洲市、迁安市相望，东与辽宁省建昌县、绥中县交界，北依燕山与承德市宽城县相连，南临渤海湾。西距北京市280 km，距天津市220 km，西南距石家庄市479 km。大陆海岸线长162.7 km，海岸东起山海关张庄金丝河口，西止昌黎县滦河口。东西宽约113 km，南北长约132 km，陆域总面积为7 802 km^2，如附图3-1和附图3-2所示。

3.1.2 地形地貌

秦皇岛市位于燕山山脉东段丘陵地区与山前平原地带，总的地形趋势是西北高，东南低，呈西北—东南的阶梯向分布。秦皇岛地质构造发育完善，在强烈的岩浆活动以及复杂的外营力作用下，逐步形成了山地、丘陵、盆地、平原等多种地貌类型。另外还有华北罕见的喀斯特地貌，如附图3-3所示。

山地主要分布在抚宁区、卢龙县、昌黎县的北部和青龙满族自治县的全境，面积为4 538.4 km^2，占秦皇岛市总面积的58.09%，是面积最大的地貌类型，属中低山。山地分成3个阶梯，由西北向东南依次降低，其中青龙满族自治县都山为第一阶梯，祖山、响山为第二阶梯，碣石山为第三阶梯。都山是秦皇岛市境内最高峰，为燕山山脉东段主峰，位于青龙满族自治县西北部，青龙满族自治县与宽城两县交界处，面积约 210 km^2，主峰海拔 1 846.3 m。祖山位于青龙满族自治县东南部，面积约 300 km^2，主峰黑尖顶海拔 1 424.2 m。响山位于青龙满族自治县东南部，抚宁区北部，跨越两县，面积约 60 km^2，主峰海拔 1 421.8 m。碣石山位于昌黎县北部，处昌黎县、卢龙县和抚宁区交界处，面积约 35 km^2，主峰海拔 695.1 m，为近海最高峰。此外，比较著名的山体还有角山、长寿山、花果山、武山等。

丘陵地貌面积为 1 863.8 km^2，占秦皇岛市总面积的 23.86%。① 山间丘陵。位于秦皇岛市北部青龙满族自治县和抚宁区大新寨—燕河营盆地，海拔 200 m 左右，主要特点是不连续，面积较小，零星分布。② 山前丘陵。集中分布于卢龙县和抚宁区中部，为境内丘陵主体，面积约占丘陵总面积的 70%，多为圆浑和缓丘陵，海拔 100 m 左右，最高不过 200 m 左右。丘陵大部由岩浆岩或变质岩组成，少数由沉积岩构成。③ 蚀余丘陵。在侵蚀平原台地上，还有一些蚀余山类型的丘陵，这些地方岩性较硬，抵抗抬升风化侵蚀的能力比较强，形成蚀余丘陵，成为侵蚀平原上的孤立残丘。比较著名的丘陵有联峰山、烟台山、栖云山、小南山。

平原地貌面积为 1 410.2 km^2，占秦皇岛市总面积的 18.05%，以洪积平原和冲积平原为主。冲积平原是秦皇岛地区主要粮食、油料产区，集中分布在昌黎县、抚宁区南部至海岸带，面积占平原总面积的 80%左右，海拔均在 20 m 以下，坡降 0.068‰左右，地势平坦，以轻壤质褐土和潮土为主。洪积平原分布在山地丘陵的前缘，或裙状分布，以冲积扇为其主要形态特征。海拔高 50～20 m，坡度在 2%～8%，组成物质多为沙性、轻壤性淋溶褐土和褐土。

除一些山间小盆地外，境内有 3 处较大的盆地。柳江盆地位于抚宁区东北部，南北长 5.5 km，东西宽约 6 km，面积约 30 km^2。柳江盆地多石灰岩，多岩溶地貌，且多岩溶地下水，地表亦有石芽、残峰、残丘等岩溶地貌。柳江盆地地层齐全，在中国北方少见。抚宁盆地位于抚宁区城关镇周围，南北长 17 km，东西宽 12 km，面积约 200 km^2。抚宁盆地土壤以褐土为主，地表水和地下资源都比较丰富，是抚宁区重要的农业区。燕河营—大新寨盆地位于抚宁区西北部和卢龙县东北部，盆地呈现“U”字形。盆地内部以丘陵为主。西部有西洋河河谷，东部有东洋河河谷，中部为洋河水库。盆地内部地势略有起伏，由北向南，海拔 40～150 m。

3.1.3 气候特征

秦皇岛市的气候类型属于暖温带，地处半湿润区，因受海洋影响较大，气候比较温和。秦皇岛地区四季分明，年平均气温 8.9～10.9℃。最冷月（1 月）平均气温–9.3～–5.4℃；最热月（7 月）平均气温 24.1～25.2℃。极端最低气温为–27.2℃，极端最高气温为 37.4℃。年均日照时数为 2 749～2 876h，日照百分率 61%～65%。无霜期为 162～188d。各地年平均风速 1.5～2.5 m/s，以西到西南风为多。年降水量主要集中在 400～1 000 mm，多年平均降水量 644.5 mm（附图 3-4）。年蒸发量 1 450～1 920 mm。年平均相对湿度为 59%～63%。

3.1.4 陆地水文条件

3.1.4.1 地表水

秦皇岛境内水系丰富，分属滦河与冀东入海河流两大水系，是华北地区水资源相对丰富的地区。境内除青龙河、清河等少数几条河流外，绝大部分河流走向由西向东南，最后注入渤海。境内主要河流有滦河水系的青龙河和冀东沿海水系的洋河、石河、戴河、饮马河，以及流经市区的汤河共 6 条河流（附图 3-5、表 3-1）。

表 3-1 秦皇岛市主要河流基本情况

河流名称	境内河道全长/km	境内流域面积/km^2	径流量/（亿 m^3/a）	发源地
滦河	88	3 996.4	48	河北省丰宁县
青龙河	166	3 363	9.6	辽宁省凌源市
石河	67.5	618	1.6	河北省青龙县、抚宁区
洋河	100	1 029	2.4	河北省青龙县、卢龙县
汤河	28.5	184	0.37	河北省抚宁区
戴河	35	290	0.51	河北省抚宁区
饮马河	145	601	0.69	河北省卢龙县

城市（镇）大型用水水利工程有洋河水库和桃林口水库，中型水库有石河水库（表 3-2）。城市地下供水水源地有枣园水源地（地下水储量为 3.26 万 t/d）和柳江水源地（单井出水量为 50～200 t/h）。

表 3-2 秦皇岛市主要水库基本情况

水库名称	建成时间	控制流域面积/km^2	总库容/亿 m^3	功能
洋河水库	1960 年	755	3.53	防洪、灌溉、调节水库
石河水库	1974 年	560	0.63	防洪、城市饮用水水源地
桃林口水库	1997 年	5 060	17.8	防洪、城市用水、灌溉

3.1.4.2 地下水

秦皇岛地区地下水的埋藏与分布受区域地貌控制，在不同地貌单元内又受地质构造、岩性和地下水水流系统的制约。全境地下水按储水条件可分为基岩裂隙水、岩溶水与松散岩类孔隙水三大类。

在青龙县、卢龙县、昌黎县、抚宁区及秦皇岛市区北部的广大中低山地区主要是裂隙水、孔隙水，这里是地下水的补给区。其中沿青龙南部长城一带的碳酸盐、裂隙岩溶水是主要含水岩组，水量较丰富，单位涌水量可达 10～20 m^3/（s·m）；自东向西包括柳江盆地、洋河盆地、燕河营盆地及卢龙盆地等是双重含水结构，上部为孔隙水，下部为基岩裂隙水或岩溶水；在东部滦河、洋河、戴河、汤河、石河洪冲积平原区是松散孔隙水，属于径流排泄区；在滨海平原区主要是孔隙水，该区的地下水的主要补给来源是大气降水，另外境外地表水补给也是一部分。地下水动态变化受大气降水及人工开采影响。

3.1.5 海域与潮汐

秦皇岛海岸线东起山海关张庄金丝河口，西至昌黎县滦河口，总长 162.7 km。海区潮间带面积 31.1 km^2，海岛面积 0.82 km^2，0～20 m 等深线海域面积 2 114 km^2。全市海域宽阔，水质洁净，风浪较小，季节变化不明显。秦皇岛海岸砂岩相间，除北戴河到山海关分布有岩石岸线外，其余均为砂质岸线。山海关老龙头、海港区东山、北戴河金山嘴一带为岬湾式海岸。石河口至新开河之间岸段有多条国内海岸罕见的砾石堤。北戴河中海滩有连岛沙坝。由洋河口到滦河口分布有 3～4 列由沙垄组成的沙丘海岸，沙丘一般高 20～30 m，最高为 40 m，蔚为壮观，被誉为“黄金海岸”。岩石海岸宜于建设港口，砂质海岸宜于旅游、休疗养、海水浴、日光浴等。

秦皇岛海区的潮汐主要受渤海海峡进入的潮波影响，位于 M2 分潮无潮点附近和 K1 分潮潮腹所在地，潮汐类型多样，潮力弱，潮差小是其显著的特点。戴河口与滦河口之间，潮流类型系数为 $2<A\leqslant 4$，为不正规日潮；在接近 M2 潮波无潮点的山海关至北戴河之间为正规日潮（$A>4$）。据实测资料统计，一般大潮潮差小于 0.5 m，小潮潮差小于 0.2 m，有时仅为 0.11 m，海区的潮汐在接近无潮点的山海关到戴河口之间为正规日潮，在戴河口到滦河口之间为不正规日潮。海区的平均海平面在潮位零点上 9.1 cm，多年平均潮位为 87 cm。海上风浪频率为 96%，涌浪频率为 38%。波高平均为 0.5 m，最大浪高极值为 3.5 m。

3.1.6 土壤类型

1982—1985 年，全国土壤普查结果表明，应用土壤地理发生学分类方法将秦皇岛市土壤分为 7 个土纲，10 个土类，19 个亚类。土壤依地势由北向南分布有棕壤、褐土、潮土、沼泽土、滨海盐土等主要土类。

表 3-3 土壤类型统计表

土类	亚类名称	面积/hm^2	占比/%
棕壤土	棕壤	53 306.1	7.51
	暗棕壤	512.4	0.07
	棕壤性土	55 767.2	7.86
褐土	淋溶褐土	56 597.2	7.98
	潮褐土	276 792.7	39.02
	褐土性土	31 686.6	4.47
潮土	潮土	69 987.7	9.87
	脱潮土	103.6	0.01
	盐化潮土	2 777.7	0.39

土类	亚类名称	面积/hm^2	占比/%
水稻土	淹育型水稻土	3 600	0.51
滨海盐土	滨海盐土	9 701.8	1.37
	潮间盐土	32 392.3	4.57
沼泽土	草甸沼泽土	19.4	0.00
	盐化沼泽土	105	0.01
风沙土	固定风沙土	4 995.4	0.70
新积土	新积土	8 492.4	1.20
石质土	硅铝质石质土	5 906.1	0.83
粗骨土	硅铝质粗骨土	57 452.2	8.10
	钙质粗骨土	39 173.3	5.52

秦皇岛市地处山地、丘陵，地势北高南低，沿长城以北的山地，海拔 300 m 以上，主要分布有花岗岩、片麻岩类风化后残坡积或坡积母质上发育的棕壤，其下低山丘陵、山间盆地、山前平原多分布为石质土、粗骨土和褐土，中南部河流冲积平原，土壤形成受冲积物类型、地下水活动的影响，为潮土主要分布区，南部滨海平原主要分布为盐土，局部洼地又有沼泽类型。滦河两侧故道和沿海岸因风的作用，又形成风沙土。而抚宁留守营一带因长期人为淹水种稻，又形成水稻土。

3.2 秦皇岛市资源概况

3.2.1 土地资源

根据秦皇岛市国土资源局提供的土地利用调查成果数据，秦皇岛市土地利用类型共涉及 3 个一级地类和 8 个二级地类。一级类型为农用地、建设用地、其他土地，二级类型为耕地、林地、牧草地、城镇村及工矿用地、交通运输用地、水域及水利设施用地、其他土地。统计结果：2015 年，秦皇岛市土地总面积 780 242.2 hm^2（表 3-4、附图 3-6）。

表 3-4 2015 年秦皇岛市各县区土地利用情况

一级类型	面积/hm^2	占比/%	二级类型	面积/hm^2	占比/%
农地	630 971.4	80.87	耕地	278 853	35.74
			林地	223 196.3	28.61
			草地	128 922.1	16.52
建设用地	94 984.2	12.17	城镇村工矿地	77 508.6	9.93
			交通运输用地	17 475.6	2.24
其他土地	54 286.6	6.96	水域及水利用地	36 386.1	4.66
			其他	17 900.5	2.29
合计	780 242.2	100	—	780 242.2	100

注：数据由秦皇岛市国土资源局提供。

从土地资源利用类型来看，秦皇岛市土地资源类型丰富，一级类型中，农地所占比例最大，为 80.87%，其次是建设用地，为 12.17%。在二级类型中，其中耕地、林地、草地所占比例相对较高，分别为 35.74%、28.61%、11.56%、16.52%。人均土地面积为 0.25 hm^2，人均耕地面积为 0.06 hm^2，均低于国家平均水平。

3.2.2 水资源

秦皇岛市多年平均水资源总量为 16.22 亿 m^3。其中地表水为 12.74 亿 m^3，地下水为 7.08 亿 m^3，重复计算水量为 3.6 亿 m^3。从区域分布来看，山区为 12.09 亿 m^3，平原为 4.13 亿 m^3。全市多年均降水量为 52.51 亿 m^3，全市多年平均入境水量 2.89 亿 m^3。人均水资源量为 527.78 m^3，为全国平均水平的 1/4，远远低于国际公认的维持一个地区社会经济发展所必需的人均 1 000 m^3 的临界值，属于水资源短缺型城市。

3.2.3 矿产资源

秦皇岛市矿产资源总量丰富，种类繁多，金属矿产、非金属矿产、液体、气体矿产共计 56 种，其中金属矿产 17 种、非金属矿产 36 种、液体矿产 3 种。现已开发利用的有 25 种，其中以煤、铁、金、非金属建材矿产蕴藏量较大，现已探明保有资源储量分别为煤矿 1.69 亿 t，铁矿 4.46 亿 t，金矿 9.87 t，水泥灰岩 4.68 亿 t，其他非金属建材矿 1.51 亿 t。

3.2.4 海洋资源

秦皇岛市海岸线东起山海关张庄东，西至滦河口，全长 162.7 km，0～20 m 等深线以内的海域面积为 2 629.4 km^2。目前可供开发利用的自然资源主要有港址、旅游、渔业等资源。已开发港址有秦皇岛港、山海关造船厂、新开河港、洋河口港、大蒲河口港、七里海港。已开发的海洋旅游景区主要有“老龙头景区”“乐岛公园”“秦皇求仙入海处”“新奥海底世界”“观鸟湿地”“鸽子窝”“南戴河国际娱乐中心”“黄金海岸”等。秦皇岛海水浴场广阔，总计可作浴场的岸线长度达 100 km，可建浴场 200 余处，目前已开发浴场有西浴场、东山浴场、浅水湾浴场、金屋浴场、平水桥浴场等 22 处。

秦皇岛海域浮游生物密度高，底栖生物和潮间带生物种类多，生物量大，渔类资源丰富，盛产对虾、海蜇、螃蟹等海产品，月均渔业资源量可达 2 973.1 t。

3.2.5 生物资源

秦皇岛北依燕山、南临渤海，生态系统类型多样、生境复杂，使得生物资源丰富，动植物种类繁多。全市共有植物 138 科 1323 种。植物区系属于东亚植物区中的中国—日本森林植物亚区，地带性植被类型为暖温带落叶阔叶林和温带针叶林。落叶阔叶林树种以栎属（*Quercus*）、椴属（*Tilia*）、桦属（*Betula*）、白蜡属（*Fraxinus*）、胡桃属（*Juglans*）、槭属（*Acer*）、杨属（*Populus*）、柳属（*Salix*）、槐属（*Sophora*）等为主，针叶林以油松（*Pinus tabulaeformis*）为主。灌木以荆条（*Vitex negundo* var. *heterophylla*）、酸枣（*Ziziphus jujuba* var. *spinosa*）、锦鸡儿（*Caragana sinica*）、胡枝子（*Lespedeza bicolor*）、绣线菊（*Spiraea salicifolia*）、山刺玫（*Rosa davurica*）等为主；草本植物以野古草（*Arundinella anomala*）、宽叶苔草（*Carex siderosticta*）、玉竹（*Polygonatum odoratum*）、黄芩（*Scutellaria baicalensis*）、糙苏（*Phlomis umbrosa*）、鹿药（*Smilacina japonica*）、蒲公英（*Taraxacum mongolicum*）等为主。经济林树种以苹果（*Malus pumila*）、梨（*Pyrus*）、

桃（*Amygdalus*）、板栗（*Castanea mollissima*）、红果（Stranvaesia）、柿（*Diospyros*）、核桃（*Juglans sigillata*）、葡萄（*Vitis vinifera*）等为主。在祖山生长有国家三级保护植物天女木兰（*Magnolia sieboldii*）。

秦皇岛市海洋生物资源丰富，共有500余种，其中浮游植物28属79种，浮游动物53种，底栖动物有166种，潮间带生物163种，游泳生物有78种。秦皇岛分布有国家二级保护动物文昌鱼（*Branchiostoma*），被动物分类学家誉为“活化石”。

秦皇岛市鸟类资源丰富，被誉为世界“四大观鸟基地”之一。列入国家一级保护的鸟类有白鹳（*Ciconia ciconia*）、白鹤（*Grus leucogeranus*）、金雕（*Aquila chrysaetos*）、丹顶鹤（*Grus japonensis*）等 7 种，国家二级保护鸟类 54 种，省级保护鸟类 28 种。其他省级保护动物 6 种。

野生兽类目前共发现 6 目 11 科 60 余种，主要有赤狐（*Vulpes vulpes*）、狗獾（*Meles meles*）、狼（*Canis lupus*）、草兔（*Lepus capensis*）、松鼠（*Sciurus vulgaris*）、刺猬（*Erinaceus amurensis*）、黄鼬（*Mustela sibirica*）、黑线仓鼠（*Cricetulus barabensis*）、黑线姬鼠（*Apodemus agrarius*）、家蝠（*Pipistrellus javanicus*）等，列入《河北省级重点保护动物》的有家蝠（*Pipistrellus javanicus*）、草兔（*Lepus capensis*）、赤狐（*Vulpes vulpes*）、黄鼬（*Mustela sibirica*）、狗獾（*Meles meles*）和狍（*Capreolus pygargus*）。

爬行类共发现 2 目 5 科 10 余种，以无蹼壁虎（*Gekko swinhonis*）、鳖（*Pelodiscus sinensis*）、丽斑麻蜥（*Eremias argus*）、山地麻蜥（*Eremias brenchleyi*）、红脖颈槽蛇（*Rhabdophis subminiatus*）、红点锦蛇（*Elaphe rufodorsata*）、赤链蛇（*Dinodon rufozonatum*）、黄脊游蛇（*Coluber spinalis*）为主。

两栖类共发现 2 科 7 种，以花背蟾蜍（*Bufo raddei*）、黑斑蛙（*Pelophylax nigromaculatus*）数量最大，其次为金线蛙（*Rana fukienensis*）、中国林蛙（*Rana chensinensis*）、狭口蛙（*Kaloula borealis*）、泽蛙（*Fejervarya limnocharis*）等。

3.2.6 旅游资源

秦皇岛市良好的自然条件、丰厚的历史文化积淀和独有的社会环境，为其提供了丰富的、高品位的和相对集中的旅游资源，是自然生态较优、环境质量较好的滨海旅游城市。旅游资源集山、林、河、湖、泉、瀑、洞、沙、海、关、城、港、寺、庙、园、别墅、候鸟与珍稀动物于一体，类型极其丰富，成为旅游、休闲、度假的最佳场所。

秦皇岛境内各类旅游资源共计386处，其中自然旅游资源77处，人文旅游资源122处，旅游服务资源187处。自然景观可分山岳型和水体型两类。山岳型，有位于市区西北50 km的祖山，总面积118 km^2。主峰海拔1 370 m，峰峦起伏，瀑布古洞，奇山怪石，林木葱郁，森林覆盖率60%。还有各具特色的碣石山、天马山、背牛顶、都山等。位于市区北20 km的柳江盆地面积250 km^2，地质类型齐全，是集地质矿产教学和旅游于一体的资源。水体型，以湖泊、水库、大海构成。包括北戴河海滨、黄金海岸沙丘和七里海潟湖等著名景区。人文景观有历史悠久举世瞩目的山海关长城建筑群、历史遗迹、秦始皇行宫遗址、六国营盘、碣石山辽金摩崖、天马山等的文字摩崖等。

旅游资源具有以下特点：① 种类繁多，能吸引多层次的游客。秦皇岛兼具自然景观与人文景观，海岸漫长，沙软潮平，大海、沙岸、潟湖、森林、别墅、港口交错，构成天然画卷；历史悠久，古迹众多；云雾深山、怪石绝壁、奇峰、异洞，气象万千；科学园地、典型奇特，稀有珍贵；物产丰富，有许多地方风味的名优特产。② 资源独特，知名度高。山海关长城建筑群——“老龙头景区”“天下第一关”“孟姜女庙”是万里长城的极具代表性的景点；北戴河是中国最早开发的避暑胜地，享有“夏都”之誉；“黄金海岸”景色奇丽；秦始皇行宫遗址及海港区东山建立的秦始皇求仙入海处公园是通向海外的码头；历史巨人毛泽乐咏海诗文使这里极具魅力。③ 组合奇特，激发游客兴致。秦皇岛景观山海交融、潮海奇遇、物景相衬、奇险尤著、怪石麇集。

3.3 秦皇岛市社会经济

3.3.1 行政区划

2015年底，秦皇岛市辖6个区（海港区、山海关区、北戴河区、抚宁区、北戴河新区、秦皇岛开发区），3 个县（昌黎县、卢龙县、青龙满族自治县），如附

图 3-7 所示。全市有 27 个乡、48 个镇、22 个街道办事处。

3.3.2 人口状况

截至 2015 年末，秦皇岛市常住人口为 307.32 万人，人口出生率为 8.81‰，死亡率为 5.88‰，人口自然增长率为 2.93‰，比 2014 年降低 2.05‰。全市有汉族、满族、回族、朝鲜族、蒙古族、壮族等 37 个民族，其中汉族占 85%以上，共有 15 个民族村。全市城镇化率 52.02%，比 2014 年提高 2.38 个百分点，比河北省平均水平高 2.69 个百分点。

3.3.3 经济状况

2015 年，秦皇岛市实现国民生产总值 1 250.44 亿元，比 2014 年增长 5.5%，其中，第一产业增加值 177.63 亿元，增长 2.8%，占 14.2%，第二产业增加值 445.09 亿元，增长 4.9%，占 35.6%，第三产业增加值 627.72 亿元，增长 6.6%，占 50.2%。

第一产业：2015 年，全市粮食作物播种面积 148 331 hm^2，总产量 84.44 万 t。其中，谷物播种面积 119 524 hm^2，产量 70.54 万 t；薯类播种面积 19 899 hm^2；油料作物播种面积 18 324 hm^2，总产量 5.98 万 t；蔬菜及食用菌播种面积 48 564 hm^2，总产量 340.25 万 t；园林水果总产量 92.72 万 t；肉类总产量 35.42 万 t；禽蛋产量 11.63 万 t；水产品总产量 36.07 万 t。全年实现农林牧渔业总产值 318.83 亿元，比 2014 年增长 2.7%，其中，农业产值 137.64 亿元，增长 4.1%；林业产值 4.92 亿元，下降 6.6%；牧业产值 136.27 亿元，增长 1.8%；渔业产值 32.43 亿元，增长 1.1%。农业产业化率达到 68.04%。

第二产业：2015 年，全市完成规模以上工业企业实现利润 18.65 亿元，比 2014 年下降 36.3%。全部工业增加值 364.93 亿元，比 2014 年增长 4.0%。规模以上工业增加值 331.92 亿元，增长 4.1%。

第三产业：2015 年，全市社会消费品零售总额完成 631.33 亿元，比 2014 年增长 9.3%。全市居民消费价格总水平累计比 2014 年上涨 1.7%，涨幅较 2014 年回落 0.7 个百分点。民营经济增加值实现 813.01 亿元，比 2014 年增长 6.0%，占全市生产总值的比重为 65.0%；实缴税金 133.94 亿元，占全部财政收入的比重为

65.1%；完成出口 27.26 亿美元，占全市出口总值的 91.5%。

2015 年，全市累计完成全部财政收入 205.73 亿元，其中公共财政预算收入实现 114.36 亿元。财政支出 268.92 亿元，其中公共财政预算支出 227.52 亿元。年末全市累计完成全社会固定资产投资 892.45 亿元，其中固定资产投资 874.33 亿元，农户投资 18.11 亿元。2015 年，全市城镇居民人均可支配收入 28 158 元，农村居民人均可支配收入 10 782 元，比 2010 年分别增长 65.4%和 80.2%，均高于经济增幅。全市常住人口城镇化率达到 54.07%。

3.4 秦皇岛市生态建设与环境保护

截至 2015 年底，秦皇岛地区城市基础设施建设投资为 246.86 亿元，比 2014 年增长 43.4%。在城市基础设施建设、环境保护与改善方面取得了巨大成就，城市形象得到很大改观。“十二五”期间，津秦客专、承秦高速及连接线建成通车，完成改造了北戴河火车站，北戴河机场具备通航条件，兴凯湖路“两桥一路”、民族路和北环路上跨铁路桥等重点工程竣工。完成国、省干线大修工程 50 项，达 973 km，改造农村公路 1 947 km。北戴河新区污水处理厂建成投入使用，引青三期工程、北戴河西部水厂、海港区北部项目、西部污水处理厂等项目加快建设。完成海港西部和北部综合片区、北戴河车站片区、山海关道南片区等城市重点片区改造建设，黄金海岸自然保护区规划调整获批，北戴河国家级风景名胜区通过复查验收，城市人居环境和功能品质明显提升。拓展县城空间、完善县城功能、提升县城形象，各县垃圾处理厂达到二级及以上标准，各县县城均成为省级园林县城，青龙祖山镇等 8 个建制镇被列为全国重点镇。积极推进农村面貌改造提升和美丽乡村建设，完成 75 个村新民居建设，创建 15 个省级美丽乡村、20 个山区综合开发示范区。

生态环境显著改善。大力压能、减煤、控车、降尘、治企、增绿，推进钢铁、水泥、电力、玻璃行业污染治理，累计压减炼铁、炼钢和水泥产能分别为 375 万 t、210 万 t、494 万 t，预计单位生产总值能耗累计下降 20.9%；规模以上工业增加值中，玻璃、钢铁、水泥等产业占比由 2010 年的 31.1% 降到 23%。推广农村清洁能源开发利用，淘汰黄标车 4.51 万辆，更换新能源公交车 484 辆，拆除砖瓦窑 77 座，淘汰燃煤锅炉 598 台，累计完成工程减排项目 928 个，热电厂实现超低排放。基本完成“北戴河近岸海域环境综合整治三年行动计划”，大力治理 16 条入海河流，关停 255 家排污企业，整治养殖场 183 个，对城区 112 个 排污口和 54 个污染源采取针对性工程措施，海水质量和入海河口水质持续向好，海水一类达标率为 91.9%。累计治理水土流失 218 840 hm^2。全年造林绿化面积 12 893 hm^2（其中，人工造林面积 8 840 hm^2，新封山育林 2 648 hm^2），增加面积 2 648 hm^2，全市覆盖率达到 45%。

4 海洋生态服务功能及资源资产价值评估

4.1 秦皇岛市海洋资源

海洋生态系统是秦皇岛市自然生态环境的重要组成部分，除具有独特的海岸带资源外，还具有丰富的海洋生物资源和其他资源。

4.1.1 海岸带资源

秦皇岛市海洋海岸位于渤海西岸中段，从东北向西南方向延伸。东北起于山海关区金丝河口，西南至昌黎县滦河口，全长 162.7 km，分布有石河口港湾、汤河口至金山嘴港湾、金山嘴至滦河口沙质港湾 3 个岬角式港湾，沿岸有石河、戴河、洋河、滦河、汤河等多条河流注入。

秦皇岛沿海地貌可分为侵蚀海岸和堆积海岸两大类（李翠格，2008）。侵蚀海岸是波浪潮流及其挟带的沙砾岩块撞击、冲刷、研磨破坏海岸的作用下形成的海岸地貌。侵蚀海岸分布在老龙头景区至戴河口的秦皇岛市山海关区、海港区和北戴河区岸段，其特点是岸线曲折、湾岬相间，海蚀地貌主要有低山丘陵、海蚀阶地、海蚀崖等。堆积海岸是海岸带沉积物在波浪、水流作用下，发生横向或纵向运动，当沉积物受阻或波浪水流减弱时，发生堆积形成的海岸地貌。堆积海岸主要分布在戴河以南岸段、秦皇岛至鹰角亭、金山嘴至戴河口，以及鹰角亭至金山嘴之间的海湾内，其特点是岸线平直、沙滩发育。海积地貌主要有海积平原、潟湖平原、沙丘、沙滩等。

秦皇岛海岸由于燕山山脉逼近海岸，形成 4 个大的岬角式港湾，是优良的港址资源：一是东起辽宁绥中环海寺地嘴，西至山海关老龙头岬角的南张庄港湾，建有山海关船厂和渤海乡海产品养殖场；二是东起老龙头，西至秦皇岛东山的石河港湾，为秦皇岛港能源输出港和新开河渔港区；三是东起秦皇岛东山，西至北戴河金山嘴的汤河、赤土山河港湾，为秦皇岛港杂货港和海上运动场区；四是东起金山嘴岬角，西至滦河口嘴的沙质港湾区，分布有洋河口、大蒲河口、新开河口3个渔港及北戴河、南戴河、黄金海岸3个旅游区。在金山嘴以东海区由于港阔水深不淤不冻，适宜建设5万～10万t的泊位。金山嘴以西海区受滦河影响，海域水深较浅，适宜建设中小型泊位。

独特的海洋生态系统也为本地区提供了丰富的旅游资源。除北戴河至山海关分布有20.5 km岩石岸线外，其余均为沙质岸线。其中沙质岸线沙细、滩缓、水清、潮平，是中国北方地区最优秀的天然浴场与沙滩、海上活动场所；岩石海岸形象奇特，风光秀丽、具有极高的观赏价值。由于地貌、气象、水文等资源条件的组合优势，秦皇岛海上运动场成为全球较好的海上运动场之一。另外，海岸线上也分布有重要的人文旅游资源。秦皇岛海洋旅游景区主要有"老龙头景区""乐岛公园""秦皇求仙入海处"等。秦皇岛海水浴场资源是本地区的优势资源之一，与中国其他岸段相比，海水浴场广阔，可作浴场的岸线长达100 km。浴场沙软潮平，且海岸绿荫覆盖，海岸带区空气负氧离子含量较高，其中北戴河海岸被认为是全国海岸绿化最好岸段，地理位置优越，是华北地区著名的海滨旅游休疗岸段。

另外，秦皇岛海洋还具有丰富的空间资源，海区潮间带及0～25 m等深线面积总计2 660.5 km^2，相当于全市陆域面积的34.3%。

4.1.2 海洋生物资源

秦皇岛市海洋面积为1 805.27 km^2，沿海滩涂面积为34.23 km^2（2015年数据），海洋生态系统面积为 1 839.50 km^2。海洋资源丰富，具有较大面积的捕捞区和养殖区。养殖区集中分布在昌黎的新开河口至汤河口的西界、山海关船厂西侧1 km至沙河口东2 km的范围内。

（1）浮游生物

本地区海洋浮游植物多属温带近岸广布种，其优势类为硅藻，共有28属79种，主要优势种有中肋骨条藻（*Skeletonema costatum*）、曲舟藻（*Pleurosigma acutum*）、圆海链藻（*Thalassiosira rotula*）、翼根管藻（*Proboscia alata*）、圆筛藻

(Coscinodiscus)、斯氏根管藻(*Rhizosolenia stolterfothii*)、洛氏角刺藻(*Chaetoceros lorenzianus*)。浮游动物共计有 53 种，以温带性和广温带性近岸低盐种为主，主要优势种有中华哲水蚤（*Calanus sinicus*)、纺垂水蚤（Acartia)、真刺唇角水蚤(*Labidocera euchaeta*)、墨氏胸刺水蚤(*Centropages mcmurrichi*)、歪水蚤(*Tortanus*)、强壮箭虫(*Sagitta crassa*)、夜光虫(Noctiluca)、拟长腹剑水蚤(*Oithona similis*) 等。

2. 底栖生物。本地区海洋底栖生物共有 11 门 166 种，其中软体动物 56 种、甲壳类 45 种、多毛类 27 种、棘皮动物 13 种、鱼类 9 种、腔肠动物 5 种、脊索动物 4 种、其他 6 种。在金山嘴至滦河口海区为高生物量分布区，优势种为文昌鱼(*Epigonichthys cultellus*)、彩虹明樱蛤(*Moerella iridescens*)、胡桃蛤(Larnellinucula)、白带三角口螺（*Trigonaphera bocageana*)、海豆芽（*Lingula bruguire*)、红带织纹螺（*Nassarius succinctus*)、扁玉螺（*Neverita didyma*)、毛蚶(*Scapharca kagoshimensis*)、经氏壳蛞蝓（*Philine kinglipini*)、凸镜蛤（*Donsinia gibba*)、棘刺锚参(*Protankyra bidentata*)、海胆(*Sea urchin*)、渤海鸭嘴蛤(*Laternula marilina*)、砂海星（*Luidia quinaria*)、金氏真蛇尾（*Ophiura kinbergi*)、异足索沙蚕（*Lumbricomereis heeropoda*）等，其中文昌鱼的蕴藏量高达 1.3 万 t，具有较高的科学和经济价值。

3. 潮间带生物。本地区海洋潮间带生物共有 163 种，隶属于 15 门 100 科，以双壳类、甲壳类为多，其次为单壳类、多毛类。岩礁区优势种为褶牡蛎(*Alectryonella plicatula*)、黑偏顶蛤(*Modiolus atrata*)、短滨螺(*Littorina brevicula*)、中华近方蟹（*Hemigrapsus sinensis*)；藻类有浒苔（*Ulva prolifera*)、鼠尾藻(*Sargassum thunbergii*)、囊藻(*Colpomenia sinuosa*)、珊瑚藻(*Corallina officinalis*)等。净沙区主要有斧蛤（*Donax variabilis*)、青蛤（*Cyclina sinensis*)、彩虹明樱蛤(*Moerella iridescens*)、中国绿螂（*Glauconome chinensis*)、沙蚕（*Nereis succinea*)、股窗蟹（*Scopimera globosa*)、托氏琩螺（*Trochus vesriarium*)、日本大眼蟹(*Macrophthalmus japonicus*)、美人虾（*Stenopus hispidus*）等。

4. 游泳生物。海区鱼类共有 21 种，占渔获重量 1.0%以上的种类有 8 种，包括青鳞鱼（*Harengula zunasi*)、鳀（*Engraulis japonicus*)、黄鲫（*Setipinna taty*)、小黄鱼（*Pseudosciaena polyactis*)、玉筋鱼（*Ammodytes personatus*)、小带鱼

(*Eupleurogrammus muticus*)、蓝点马鲛(*Scomberomorus niphonius*)、银鲳(*Pampus argenteus*)。无脊椎动物主要种类为软体动物的头足类，包括短蛸（*Octopus fangsiao*)、长蛸（*Octopus variabilis*)、日本枪乌贼（*Loligo japonica*)、曼氏无针乌贼(*Sepiella maindroni*)等。甲壳动物中的三疣梭子蟹(*Portunus trituberculatus*)、日本蟳（*Charybdis japonica*)、中国对虾（*Fenneropenaeus chinensis*)、鹰爪虾(*Trachysalambria curvirostris*)、日本鼓虾（*Alpheus japonicus*)、脊尾白虾(*Exopalaemon carinicauda*)、葛氏长臂虾(*Palaemon gravieri*)、脊尾褐虾(*Crangon affinis*)、口虾蛄（*Oratosquilla oratoria*）等。无脊椎动物的生物量以三疣梭子蟹居多。

4.1.3 海洋其他资源

秦皇岛海洋还具有丰富的矿产资源和石油资源，还有波浪能、风能和地热能等新能源。另外，海水中含有 80 多种元素，从海水中可直接提取溴、镁、钾、铀、重水等。秦皇岛沿海历史上就用海水煮盐，从山海关到滦河口形成冀东著名的“归化盐场”。海水冷却、海水淡化亦在全国沿海开始投入工业规模生产及利用，秦皇岛热电厂已利用海水冷却，海水淡化将最终解决城市缺水问题。

4.2 研究内容与方法

4.2.1 评估指标体系的建立

作为世界三大生态系统之一，海洋生态系统是人类赖以生存和发展的基础，其服务功能和生态价值是地球生命支持系统的重要组成部分，也是社会与环境可持续发展的基本要素。海洋生态系统向人类提供了丰富的食品和原材料，是自然界稳定的资源库、基因库、能源库和有机碳库。同时，海洋生态系统对于改善全球生态环境、维持全球生态平衡等方面也具有十分重要的作用（程娜，2008)。长期以来，人们在利用海洋资源的过程中，只注重其直接使用价值和市场价值，忽略了海洋资源的生态价值，导致对海洋资源一系列无序无度的开发利用，使海洋生态系统遭到了不同程度的破坏，导致海洋生态系统服务功能下降。因此，开展有关海洋生态系统服务功能及其价值评估的研究，对于人们更好地认识和保护海洋生态系统、合理开发和利用海洋生态系统以及促进人类社会的可持续发展等具有重要的战略意义。

近十几年来，生态系统服务研究备受世人瞩目，逐渐成为生态学和生态经济学研究的热点和前沿。联合国《千年生态系统评估计划》（MA，2005）中提出海洋生态系统服务功能包括供给功能、调节功能、支持功能和文化功能四大类，分别对应着人类对生态系统的 4 个基本用途，即提供物质资源、分解废弃物、满足生存要求和满足精神需求。虽然生态系统服务价值早已为人所知，但我国对海洋生态系统服务功能及其价值评估研究的进展相对缓慢，造成了认识上的局限性。近年来我国学者在这方面进行了探索和努力，取得了一定的成果。考虑到海洋生态系统的特殊性，陈尚等（2006）基于该评估计划的框架提出了海洋生态系统服务分类指标体系，将海洋生态系统服务功能划分为 4 组共 14 项（图 4-1）。

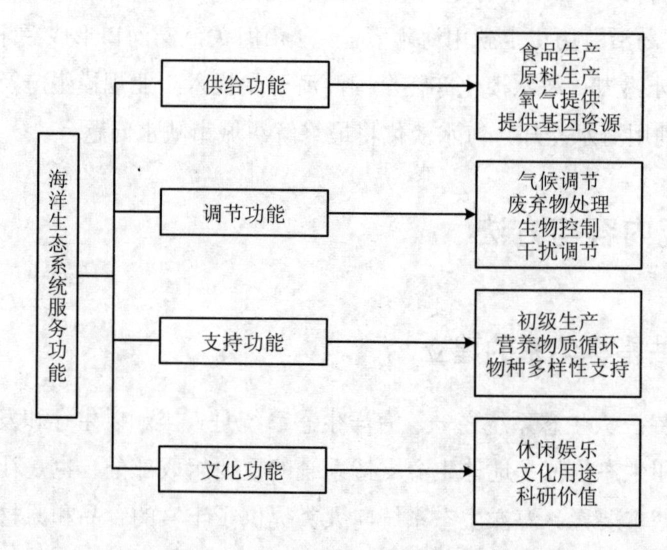

图 4-1 海洋生态系统服务功能划分

进行海洋生态系统服务功能价值评估时，要考虑到当前的技术困难和可操作性以及人们的认识程度。参考有关学者的研究成果，基于物质量可量化、价值量可货币化、数据可获得性 3 条评估原则，陈尚等（2013）在海洋生态系统服务功能分类指标体系的基础上对14个海洋生态系统服务功能评估指标进行了删减、拆分和增加，形成了新的评估指标体系。该指标体系仍由供给服务功能、调节服务功能、支持服务功能和文化服务功能4个要素组成，删减了原料生产、提供基因资源、生物控制、干扰调节、文化用途、初级生产和营养物质循环，将食品生产拆分为养殖生产和捕捞生产，增加了生态系统多样性维持，共计9个指标。张朝晖等（2008）在对桑沟湾生态系统和南麂列岛生态系统服务与价值评估时提出了另外的评估指标体系，包括供给服务功能、调节服务功能、支持服务功能和文化服务功能4个要素共计15项。

本章借鉴陈尚等（2013）和张朝晖等（2008）提出的评估指标体系，综合考虑数据的可获得性等秦皇岛市海洋生态系统实际情况，建立了供给服务功能价值、调节服务功能价值、支持服务功能价值和文化服务功能价值4项共计9个指标的秦皇岛市海洋生态系统服务功能价值评估体系，采用市场价值法、影子工程法和旅行费用法对各项中的指标价值进行评估，其内容和评估方法如表4-1所示。为了更好地表征秦皇岛市海洋生态系统服务功能价值的空间差异，对秦皇岛市沿海各区（海港区、北戴河区、山海关区、秦皇岛开发区和北戴河新区）海洋生态系统服务功能价值分别进行了评估。

表4-1 海洋生态系统服务功能价值的评估指标和评估方法

项目	结构要素	评估指标	评估方法
海洋生态系统服务功能价值	供给服务	食品生产价值	市场价值法
	调节服务	释放氧气价值	影子工程法
		固定二氧化碳价值	影子工程法
		水质净化价值	影子工程法
		增加空气湿度价值	影子工程法
		消浪促淤护岸	成果参照法
	支持服务	生物多样性维持价值	成果参照法
	文化服务	休闲娱乐价值	专家咨询法
		科研与知识扩展服务价值	成果参照法

4.2.2 研究数据来源与处理

本章的数据来源包括政府部门提供和发布的统计资料、科技文献和网络数据资料等，其中统计资料包括《秦皇岛统计年鉴 2016》《秦皇岛统计年鉴 2011》和《秦皇岛统计年鉴 2006》。对所获取的数据进行统计整理，利用相应的评估方法对秦皇岛市及沿海各区海洋生态系统服务功能价值进行评估。

4.2.3 评估方法

4.2.3.1 海洋供给服务功能价值评估

供给服务指海洋生态系统生产或提供实物性产品的服务，包括海洋生态系统为人类直接提供的各种海洋食品（如鱼类、虾类、蟹类、大型可食用海藻等），为人类间接提供食物和其他生产性原材料（如海洋鱼类生产鱼肝油、鱼粉等，甲壳类提供几丁质、饲料等），以及海洋生物自身所携带的基因资源（可能会是人类将来最宝贵的资源之一）。结合秦皇岛市实际，海洋生态系统的供给服务功能价值评估考虑食品生产价值。

食品生产指海洋生态系统提供鱼类、贝类、虾蟹、头足类、海藻等海产品，这些海产品通常可以被人类所直接利用，即具有可食性。在全球或较大研究区域内可以用鱼虾贝藻等海产品的产量来衡量此项服务。另外一种替代的量化指标是用海产品的市场交易数量来衡量，这种方法可以比较精确地统计每个交易品种，特别是在较小的研究区域内，常常有一些比较特殊的地方性海产品。秦皇岛市海洋生态系统的食品生产价值采用本市海产品产量在水产品产量中的比重和水产品总产值进行评估。沿海各区（海港区、北戴河区、山海关区、秦皇岛开发区和北戴河新区）海洋生态系统的食品生产价值采用各区海产品产量在水产品产量中的比重和水产品总产值进行评估。

4.2.3.2 海洋调节服务功能价值评估

调节服务指海洋调节人类生态环境的服务，即从海洋生态系统过程的调节作用中获得的收益，包括海洋生态系统及各种生态过程对温室气体的吸收，从而对区域或全球的气候调节（如海洋生物泵作用而产生的对温室气体CO_2的固定和沉降）；由海洋生态系统中的多种生物与生态过程共同完成，对各种进入海洋生态系统的有害物质进行分解还原、转化转移等处理废弃物与净化水质（对于目前的人类而言，这是海洋生态系统的一项重要服务）；对一些有害生物与疾病的生物调节与控制，可以明显地降低相关灾害的发生概率（如浮游动物、贝类等对有毒藻类的摄食）；以及海洋生态系统对各种环境波动的容量、衰减和综合作用，即干扰调节（如海洋沼草群落、红树林等对海洋风暴潮、台风等自然灾害的衰减作用等，海草漂浮的叶子对波浪的缓冲作用）。结合秦皇岛市实际，海洋生态系统的调节服务功能价值评估考虑调节气候中的释氧固碳即释放氧气价值和固定二氧化碳价值，另外还包括水质净化价值和增加空气湿度价值。

（1）释放氧气价值评估

海洋生态系统的释放氧气功能是海洋植物通过光合作用来实现的。海洋中的光合作用可由海洋浮游植物、底栖微型藻类、大型海藻、潮汐带的高等植物、微生物等多种生物完成，是海洋中最主要的物质生产过程。海洋植物通过光合过程作用产生的氧气释放进入大气供人类享用。秦皇岛市海洋生态系统的氧气生产价值采用评估海域植物通过光合作用过程释放氧气的量进行评估。秦皇岛海区大型藻类的量很少，在评估时本部分可忽略不计，因此本地区评估海域的释放氧气价值只考虑浮游植物的氧气释放。

浮游植物初级生产提供氧气的计算公式为

$$Q_{\text{氧气}} = 2.67 \times Q_{\text{初级生产}} \tag{4-1}$$

式中：$Q_{\text{氧气}}$——单位时间单位面积海洋浮游植物释放的氧气量，t/（$hm^2 \cdot a$）；

$Q_{\text{初级生产}}$——浮游植物的初级生产力，g/（$m^2 \cdot a$）。

释放氧气的价值计算公式为

$$V_{\text{氧气}} = Q_{\text{氧气}} \times S \times P_{\text{氧气}} \tag{4-2}$$

式中：$V_{\text{氧气}}$——释放氧气价值，万元/a；

S——秦皇岛市海洋面积，hm^2；

$P_{\text{氧气}}$——氧气生产价格，元/t。

沿海各区海洋生态系统释放氧气价值亦采用公式（4-2）进行评估，其中 S

为沿海各区的海洋面积。

（2）固定二氧化碳价值评估

固定二氧化碳指海洋生态系统通过吸收二氧化碳，减少大气中二氧化碳的含量进而减缓温室效应，调节气候。这是通过海洋生态系统及各种生态过程（如海洋生物泵作用等）对温室气体的吸收来实现的。秦皇岛市海洋生态系统固定二氧化碳价值采用评估海域植物固定二氧化碳的量进行评估。秦皇岛海区大型藻类的量很少，在评估时本部分可忽略不计，因此本地区评估海域固定二氧化碳的价值只考虑浮游植物固定二氧化碳的量。

浮游植物固定二氧化碳的量的计算公式为

$$Q_{二氧化碳} = 3.67 \times Q_{初级生产} \tag{4-3}$$

式中：$Q_{二氧化碳}$——单位时间单位面积海洋浮游植物固定二氧化碳的量，t/（$hm^2 \cdot a$）；

$Q_{初级生产}$——浮游植物的初级生产力，g/（$m^2 \cdot a$）。

固定二氧化碳价值的计算公式为

$$V_{二氧化碳} = Q_{二氧化碳} \times S \times P_{二氧化碳} \tag{4-4}$$

式中：$V_{二氧化碳}$——固定二氧化碳价值，万元/a；

S——秦皇岛市海洋面积，hm^2；

$P_{二氧化碳}$——固碳成本，元/t。

沿海各区海洋生态系统固定二氧化碳价值亦采用公式（4-4）进行评估，其中S为沿海各区的海洋面积。

（3）水质净化价值评估

秦皇岛市海洋生态系统水质净化功能主要来源于对进入海洋的各种污染物质的消除分解能力，以达到处理废弃物与保持水质清洁的目的。水质净化包括物理净化、化学净化和生物净化 3 种主要方式，同时污染物质种类繁多，形态各异。由于资料限制，本章仅考虑秦皇岛市海洋生态系统对氮和磷的生物净化功能。

浮游植物在进行光合作用时是按照一定的比例来吸收碳、氮和磷的，根据藻类的近似分子式 $C_{106}H_{263}O_{110}N_{16}P$，浮游植物在利用碳、氮和磷时的比例为106∶16∶1，即 Reddield 比值，且这个比值是相对固定的。因此根据浮游植物固定的碳量可以估算出同时固定的氮、磷的量，再根据生活污水处理成本氮和磷的单价，进而可估算浮游植物固定并移除氮和磷的价值。同理，根据海产品中鱼类产量及其自身的氮、磷可估算出鱼类固定的氮和磷的量，进而可估算出鱼类固定并移除氮和磷的价值。沿海各区海洋生态系统水质净化价值亦采用此方法根据各区海洋面积和海鱼产量进行评估。

（4）增加空气湿度价值

作为全球水分地质大循环的重要组成部分，世界海洋每年有44.8万～50.5万km^3的海水在太阳辐射的作用下被蒸发，向大气供应87.5%的水蒸气。这些水蒸气增加了空气湿度，调节了区域气候。秦皇岛市海洋在太阳辐射作用下不断被蒸发，向大气中供应水蒸气，增加空气湿度，是秦皇岛市成为“夏都”的重要原因之一。秦皇岛市海洋生态系统的增加空气湿度价值采用式（4-5）进行评估。

$$V_{增加空气湿度} = P_{增加空气湿度} \times S \times \eta \tag{4-5}$$

式中：$V_{增加空气湿度}$——海洋增加空气湿度的价值量，万元/a；

$P_{增加空气湿度}$——单位面积增加单位空气湿度的价值，元/（hm^2·a）；

S——秦皇岛市海洋面积，hm^2；

η——空气湿度的增加单位量。

沿海各区海洋生态系统增加空气湿度价值亦采用公式（4-5）进行评估，其中S为沿海各区的海洋面积。

（5）消浪促淤护岸价值

海洋海岸带沿海滩涂具有一定的消浪促淤护岸作用。根据研究成果，沿海滩涂抵御风暴潮的价值为9 140～30 760美元/hm^2（陈鹏，2006）。秦皇岛海域风暴潮和海浪灾害出现的频次和造成的经济损失较低，所以本章取最低值9 140美元/hm^2，折合人民币63 980元/hm^2。秦皇岛市海洋生态系统的消浪促淤护岸价值采用式（4-6）进行评估。

$$V_{消浪促淤护岸} = P_{消浪促淤护岸} \times S \tag{4-6}$$

式中：$V_{消浪促淤护岸}$——海洋生态系统沿海滩涂消浪促淤护岸的价值量，万元/a；

$P_{消浪促淤护岸}$——单位面积沿海滩涂抵御风暴潮的价值，元/hm^2；

S——秦皇岛市海洋生态系统沿海滩涂面积，hm^2。

沿海各区海洋生态系统消浪促淤护岸价值亦采用式（4-6）进行评估，其中 S 为沿海各区沿海滩涂面积。

4.2.3.3 海洋支持服务功能价值评估

支持服务是保证海洋生态系统为人类提供供给、调节和文化服务所必需的基础服务，即对于其他生态系统服务的产生所必需的基础服务，包括由各种海洋植物及微生物产生的、提供各种活动及过程的能力需求和物质基础的初级生产，维持生态系统稳定与其他服务产生必不可少的物质循环过程，以及主要由海洋大型底栖植物所形成的海藻森林、盐沼群落、红树林及底栖动物所形成的珊瑚礁等，对其他生物提供的生存生活空间和庇护场所即生境提供服务。结合秦皇岛市实际，海洋生态系统支持服务功能价值评估时考虑生物多样性维持服务，该服务是指海洋中不仅生活着丰富的生物种群，还为其提供了重要的栖息地、产卵场、越冬场和避难所等庇护场所。同时还指由海洋生态系统产生并维持的遗传多样性、物种多样性、生态系统多样性和景观多样性，它们既是生态系统的一部分，也是产生其他生态系统服务功能的基础，对于维持生态系统的结构稳定与服务的可持续供应具有重要意义。

秦皇岛市海洋生态系统支持服务功能价值即生物多样性维持价值，采用式（4-7）进行评估。

$$V_{生物多样性维持} = P_{生物多样性维持} \times S \tag{4-7}$$

式中：$V_{生物多样性维持}$——秦皇岛市海洋生态系统生物多样性维持的价值量，万元/a；

$P_{生物多样性维持}$——渤海海域单位时间和单位面积的生物多样性维持的价值量，元/（$hm^2 \cdot a$）；

S——秦皇岛市海洋面积，hm^2。

沿海各区海洋生态系统支持服务功能价值亦采用公式（4-7）进行评估，其中 S 为沿海各区的海洋面积。

4.2.3.4 海洋文化服务功能价值评估

文化服务指人们通过精神感受、知识获取、主观印象、消遣娱乐和美学体验从海洋生态系统中获得的非物质利益，包括海洋生态系统对人类精神、艺术创作和教育的非商业性贡献，即精神文化服务（如产生精神文化多样性、产生创造灵感、增加教育机会和实践）；由于海洋生态系统的复杂性与多样性而产生和吸引的科学研究和知识补充等具有潜在商业价值的贡献，即智能扩展服务（如对海洋生态系统的科学研究所形成的人类管理知识能力提供，仿生工具的开发等陆地生态系统没有的知识与智能）；以及由海岸带系统所形成的独有景观和美学而产生的具有直接商业利用价值的贡献，即休闲旅游服务（如海洋生态旅游、渔家游和垂钓活动等）。结合秦皇岛市实际，海洋生态系统文化服务功能价值评估考虑休闲娱乐服务价值、知识扩展服务价值和科研与教育服务价值。

（1）休闲娱乐价值评估

海洋游憩是秦皇岛市旅游的特色和亮点，本章采用专家咨询法来估算秦皇岛市海洋年游憩总价值，见式（4-8）。

$$V_{海洋旅游}=V_{总旅游}\times\eta \tag{4-8}$$

式中：$V_{海洋旅游}$——秦皇岛市海洋生态系统休闲娱乐价值，万元/a；

$V_{总旅游}$——秦皇岛市旅游总价值，万元/a；

η——海洋生态系统休闲娱乐价值的分配比例。

沿海各区海洋生态系统休闲娱乐价值亦采用公式（4-8）进行评估，其中 η 为沿海各区内各景区涉海旅游接待人次占总人次的百分比。

（2）科研与知识扩展服务价值

秦皇岛市海洋生态系统科研服务价值采用式（4-9）进行评估。

$$V_{科研服务}=P_{科研服务}\times S \tag{4-9}$$

式中：$V_{科研服务}$——秦皇岛市海洋生态系统科研服务价值量，万元/a；

$P_{科研服务}$——单位面积海洋年科研服务价值，元/（hm^2·a）；

S——秦皇岛市海洋面积，hm^2。

沿海各区海洋生态系统科研服务价值亦采用公式（4-9）进行评估，其中 S

为沿海各区的海洋面积。

知识扩展服务功能指由于海洋生态系统的复杂性与多样性而产生和吸引的科学研究以及对人类知识的补充等服务功能。此类服务通常具有潜在商业利用价值，即依靠所获得的知识可产生其他收益，例如对海洋生态系统的科学研究，所形成的人类管理知识及能力提高，仿生工具的开发等陆地生态系统没有的知识与智能。秦皇岛市海洋生态系统知识扩展服务价值根据全球浅海文化科研价值、采用式（4-10）进行评估。

$$V_{知识扩展服务}=P_{浅海文化科研价值}\times S \quad (4\text{-}10)$$

式中：$V_{知识扩展服务}$——秦皇岛市海洋生态系统知识扩展服务的价值量，万元/a；

$P_{浅海文化科研价值}$——单位时间和单位面积浅海文化科研价值量，元/（$hm^2\cdot a$）；

S——秦皇岛市海洋面积，hm^2。

沿海各区海洋生态系统知识扩展服务价值亦采用公式（4-10）进行评估，其中 S 为沿海各区的海洋面积。

秦皇岛市与沿海各区海洋生态系统的科研与知识扩展服务价值分别为科研服务价值和知识扩展服务价值的总和。

4.2.4 海洋资源资产存量价值评估

海洋生态资产价值评估方法采用收益还原法进行计算（单胜道等，2003），假设海洋资源处于永续利用状态，海洋资源资产的总价值可用海洋生态服务功能价值的现值按一定的贴现率折算成的永久值来表示，见式（4-11）。

$$P=a/r[1-1/(1+r)^n] \quad (4\text{-}11)$$

式中：P——海洋自然资源价值，元；

r——还原利率，%；

a——海洋资源的平均年收益，元/a；

n——使用年期，a。

4.2.5 鸟类资源价值评估

鸟类资源在秦皇岛市生态系统中扮演着重要角色，为了突出其重要性，鸟类资源资产单独计算，其计算方式是根据鸟类的种类和保护级别，采用专家咨询法估算秦皇岛市的鸟类价值。

4.3 结果与分析

4.3.1 海洋生态系统服务功能价值

4.3.1.1 食品生产价值

海洋生态系统食品生产指海洋生态系统提供的鱼类、贝类、虾蟹、头足类、海藻等海产品。秦皇岛市海洋生态系统水产资源丰富，2015 年海水产品产量为 268 621 t，占全市沿海各区水产品总产量（269 400 t）的 99.71%。基于海水产品产量占水产品总产量的比重与海产品产值占水产品产值的比重基本相同，假设秦皇岛市海水产品产量占沿海各区水产品总产量的比重与海产品产值占水产品产值的比重相同，海产品产值占全市水产品产值的比重即为 99.71%。秦皇岛市 2015 年沿海各区水产品总产值为 235 176 万元，估算得出 2015 年秦皇岛市海水产品产值约为 234 495.96 万元。采用市场价值法评估，2015 年秦皇岛市海洋生态系统食品生产功能的价值为 234 495.96 万元（表 4-2）。根据《秦皇岛统计年鉴 2006》和《秦皇岛统计年鉴 2011》，2005 年和 2010 年秦皇岛市海水产品产量分别为 166 392 t 和 220 002 t，分别占全市水产品总产量（171 355 t 和 226 554 t）的 97.10%和 97.11%。2005 年和 2010 年秦皇岛市水产品总产值分别为 80 612 万元和 135 621 万元，据此估算得出 2005 年和 2010 年秦皇岛市海洋生态系统食品生产功能的价值分别为 78 274.25 万元和 131 701.55 万元。

表 4-2 秦皇岛市海洋生态系统食品生产价值

年份	水产品总产量/t	渔业总产值/万元	海产品产量/t	海洋食品生产价值/万元
2015	269 400	235 176	268 621	234 495.96
2010	226 554	135 621	220 002	131 701.55
2005	171 355	80 612	166 392	78 274.25

2015 年海港区、北戴河区、山海关区、秦皇岛开发区和北戴河新区的海产品产量分别为 1 165 t、1 148 t、6 248 t、1 125 t 和 258 935 t，即沿海各区海产品产量占比分别为 0.43%、0.43%、2.33%、0.42%和 96.39%。秦皇岛市海洋生态系统食品生产价值为 234 495.96 万元，由此推算，海港区、北戴河区、山海关区、秦皇岛开发区和北戴河新区海洋生态系统食品生产价值分别为 1 017.00 万元、1 002.16 万元、5 454.27 万元、982.08 万元和 226 040.45 万元（表 4-3）。

表 4-3 2015 年秦皇岛市沿海各区海洋生态系统食品生产价值

地区	海产品产量/t	海产品产量占比/%	食品生产价值/万元
海港区	1 165	0.43	1 017.00
北戴河区	1 148	0.43	1 002.16
山海关区	6 248	2.33	5 454.27
秦皇岛开发区	1 125	0.42	982.08
北戴河新区	258 935	96.39	226 040.45

4.3.1.2 释放氧气价值

2005 年渤海海域平均初级生产力为 112 g/（$m^2 \cdot a$），根据式（4-1），单位时间单位面积的氧气释放量为 2.99 t/（$hm^2 \cdot a$），氧气的生产成本为 1 000 元/t。2005 年秦皇岛市沿海滩涂面积为 3 496.17 hm^2，则秦皇岛市海洋生态系统面积为 184 023.17 hm^2，因此，根据式（4-2）得出 2005 年秦皇岛市海洋生态系统释放氧气价值为 55 022.93 万元/a（表 4-4）。

表 4-4 秦皇岛市海洋生态系统释放氧气价值

年份	氧气产量/[t/（hm^2·a）]	氧气生产成本/（元/t）	海洋生态系统面积/hm^2	释放氧气价值/万元
2015	2.81	1 000	183 949.63	51 689.85
2010	2.53	1 000	184 055.39	46 566.01
2005	2.99	1 000	184 023.17	55 022.93

注：海洋面积数据由秦皇岛市海洋与渔业局提供，下同。

2005 年后随着环境的演变和人类活动的影响，秦皇岛市海洋生态系统环境质量出现一定的下降，平均初级生产力有所降低。2013 年开始实施的海洋/岸整治行动使秦皇岛市海洋生态系统的环境质量有较大幅度好转。2010 年和 2015 年分别约为 94.77 g/（m^2·a）和 105.12 g/（m^2·a），则单位时间单位面积的氧气释放量分别为 2.53 t/（hm^2·a）和 2.81 t/（hm^2·a）。2010 年秦皇岛市沿海滩涂面积为 3 528.39 hm^2，则 2010 年秦皇岛市海洋生态系统面积为 184 055.39 hm^2。根据氧气生产成本和秦皇岛市海洋生态系统面积估算得出 2010 年和 2015 年秦皇岛市海洋生态系统释放氧气价值分别为 46 566.01 万元/a 和 51 689.85 万元/a。

海港区、北戴河区、山海关区、秦皇岛开发区和北戴河新区所辖海洋生态系统面积分别为 33 020.21 hm^2、33 361.94 hm^2、34 798.03 hm^2、2 381.00 hm^2 和 80 388.45 hm^2。根据式（4-2），2015 年海港区、北戴河区、山海关区、秦皇岛开发区和北戴河新区海洋生态系统释放氧气价值分别为 9 278.68 万元、9 374.71 万元、9 778.25 万元、669.06 万元和 22 589.15 万元（表 4-5）。

表 4-5 2015 年秦皇岛市沿海各区海洋生态系统释放氧气价值

地区	氧气产量/[t/（hm^2·a）]	氧气生产成本/（元/t）	海洋生态系统面积/hm^2	释放氧气价值/万元
海港区	2.81	1 000	33 020.21	9 278.68
北戴河区	2.81	1 000	33 361.94	9 374.71
山海关区	2.81	1 000	34 798.03	9 778.25

地区	氧气产量/[t/（hm^2·a）]	氧气生产成本/（元/t）	海洋生态系统面积/hm^2	释放氧气价值/万元
秦皇岛开发区	2.81	1 000	2 381.00	669.06
北戴河新区	2.81	1 000	80 388.45	22 589.15

4.3.1.3 固定二氧化碳价值

2005 年渤海海域平均初级生产力为 112 g/（m^2·a）（吴珊珊等，2008），则根据式（4-3），单位时间单位面积吸收二氧化碳的量为 4.11 t/（hm^2·a）。根据国际上通用的碳汇交易价格，瑞典碳税率为 150 美元/t，根据多年美元兑换人民币汇率，折算成人民币约为 1 050 元/t，即固碳成本为 1 050 元/t，秦皇岛市海洋生态系统面积为 183 949.63 hm^2，因此，根据式（4-4）得出 2005 年秦皇岛市海洋固定二氧化碳的价值为 79 415.20 万元/a（表 4-6）。2010 年和 2015 年渤海海域平均初级生产力分别约为 94.77 g/（m^2·a）和 105.12 g/（m^2·a），则单位时间单位面积吸收二氧化碳的量分别为 3.48 t/（hm^2·a）和 3.88 t/（hm^2·a）。则根据固碳成本和秦皇岛市海洋面积估算得出 2010 年和 2015 年秦皇岛市海洋生态系统固定二氧化碳价值分别为 67 253.84 万元/a 和 74 941.08 万元/a。

表 4-6 秦皇岛市海洋生态系统固定二氧化碳价值

年份	固定二氧化碳量/[t/（hm^2·a）]	固碳成本/（元/t）	海洋生态系统面积/hm^2	固定二氧化碳价值/万元
2015	3.88	1 050	183 949.63	74 941.08
2010	3.48	1 050	184 055.39	67 253.84
2005	4.11	1 050	184 023.17	79 415.20

根据沿海各区所辖海洋面积和上述计算方法，2015 年海港区、北戴河区、山海关区、秦皇岛开发区和北戴河新区海洋生态系统固定二氧化碳的价值分别为 13 452.43 万元、13 591.65 万元、14 176.72 万元、970.02 万元和 32 750.25 万元（表 4-7）。

表 4-7 2015 年秦皇岛市沿海各区海洋生态系统固定二氧化碳价值

地区	固定二氧化碳量/[t/（$hm^2 \cdot a$）]	固碳成本/（元/t）	海洋生态系统面积/hm^2	固定二氧化碳价值/万元
海港区	3.88	1 050	33 020.21	13 452.43
北戴河区	3.88	1 050	33 361.94	13 591.65
山海关区	3.88	1 050	34 798.03	14 176.72
秦皇岛开发区	3.88	1 050	2 381.00	970.02
北戴河新区	3.88	1 050	80 388.45	32 750.25

4.3.1.4 水质净化价值

2015 年秦皇岛市海洋生态系统浮游植物固定的碳量为 3.88 t/（$hm^2 \cdot a$），根据浮游植物光合作用过程中同化碳：氮：磷=106：16：1，固定氮和磷的量分别为 0.59 t/（$hm^2 \cdot a$）和 0.04 t/（$hm^2 \cdot a$）。生活污水处理氮成本和磷成本分别按 0.15 万元/t 和 0.25 万元/t 进行评估，秦皇岛市海洋生态系统面积为 183 949.63 hm^2，则秦皇岛市海洋生态系统浮游植物固定氮、磷的价值分别为 16 279.54 万元/a 和 1 839.50 万元/a（表 4-8）。2010 年和 2005 年秦皇岛市海洋生态系统浮游植物固定的碳量分别为 3.48 t/（$hm^2 \cdot a$）和 4.11 t/（$hm^2 \cdot a$），则固定的氮和磷的量分别为 0.53 t/（$hm^2 \cdot a$）、0.62 t/（$hm^2 \cdot a$）和 0.03 t/（$hm^2 \cdot a$）、0.04 t/（$hm^2 \cdot a$）。根据生活污水处理氮、磷成本和秦皇岛市海洋生态系统面积估算得出 2010 年秦皇岛市海洋生态系统浮游植物固定氮、磷的价值分别为 14 632.40 万元/a 和 1 380.42 万元/a，2005 年秦皇岛市海洋生态系统浮游植物固定氮、磷的价值分别为 17 114.15 万元/a 和 1 840.23 万元/a。

表 4-8 秦皇岛市海洋生态系统浮游植物水质净化功能价值

年份	固氮量/[t/（$hm^2 \cdot a$）]	固磷量/[t/（$hm^2 \cdot a$）]	海洋生态系统面积/hm^2	处理氮成本/（万元/t）	处理磷成本/（万元/t）	固氮价值/（万元/a）	固磷价值/（万元/a）	合计/万元
2015	0.59	0.04	183 949.63	0.15	0.25	16 279.54	1 839.50	18 119.04
2010	0.53	0.03	184 055.39	0.15	0.25	14 632.40	1 380.42	16 012.82
2005	0.62	0.04	184 023.17	0.15	0.25	17 114.15	1 840.23	18 954.39

2015 年秦皇岛市海洋生态系统海水产品中海鱼产量为 11 898 t，海鱼的蛋白质含量平均为 17.2%，蛋白质的含氮量为 16%，即海鱼含氮量约为 2.75%，含磷量平均为 0.20%，则海产品中海鱼固定的氮磷量分别为 327.43 t 和 23.80 t，则根据生活污水处理氮、磷成本和秦皇岛市海洋面积估算得出 2015 年秦皇岛市海洋生态系统海鱼固定氮、磷的价值分别为 49.08 万元和 5.95 万元，合计 55.03 万元（表 4-9）。2010 年和 2005 年秦皇岛市海洋生态系统海产品中海鱼产量分别为 15 762 t 和 17 731 t。2010 年固定的氮、磷量分别为 433.46 t 和 31.52 t，2005 年固定的氮、磷量分别为 487.60 t 和 35.46 t。根据生活污水处理氮、磷成本和秦皇岛市海洋面积估算得出 2010 年秦皇岛市海洋生态系统海鱼固定氮、磷的价值分别为 65.02 万元和 7.88 万元，合计 72.90 万元；2005 年秦皇岛市海洋生态系统海鱼固定氮、磷的价值分别为 73.14 万元和 8.87 万元，合计 82.01 万元。

表 4-9　秦皇岛市海洋生态系统海鱼水质净化功能价值

年份	海鱼产量/t	海鱼含氮量/%	海鱼含磷量/%	处理氮成本/（万元/t）	处理磷成本/（万元/t）	固氮价值/万元	固磷价值/万元	合计/万元
2015	11 898	2.75	0.20	0.15	0.25	49.08	5.95	55.03
2010	15 762	2.75	0.20	0.15	0.25	65.02	7.88	72.90
2005	17 731	2.75	0.20	0.15	0.25	73.14	8.87	82.01

因此，2015 年、2010 年和 2005 年秦皇岛市海洋生态系统水质净化功能价值分别为 18 174.07 万元、16 085.72 万元和 19 036.40 万元。

根据沿海各区所辖海洋生态系统面积和上述计算方法，2015 年海港区、北戴河区、山海关区、秦皇岛开发区和北戴河新区海洋生态系统浮游植物水质净化功能价值分别为 3 252.49 万元、3 286.15 万元、3 427.61 万元、234.53 万元和 7 918.26 万元（表 4-10）。2015 年海港区、北戴河区、山海关区、秦皇岛开发区和北戴河新区的海鱼产量分别为 477 t、523 t、1 860 t、410 t 和 7 013 t，根据相关计算方法，2015 年海港区、北戴河区、山海关区、秦皇岛开发区和北戴河新区海洋生态系统海鱼水质净化功能价值分别为 2.21 万元、2.42 万元、8.60 万元、1.90 万元和 32.44 万元（表 4-11）。因此，海港区、北戴河区、山海关区、秦皇岛开发区和北戴河新区海洋生态系统水质净化功能价值分别为 3 254.70 万元、3 288.57 万元、3 436.21 万元、236.43 万元和 7 950.70 万元。

表 4-10 2015 年秦皇岛市沿海各区海洋生态系统浮游植物水质净化功能价值

地区	固氮量/[t/(hm²·a)]	固磷量/[t/(hm²·a)]	海洋生态系统面积/hm²	处理氮成本/（万元/t）	处理磷成本/（万元/t）	固氮价值/（万元/a）	固磷价值/（万元/a）	合计/万元
海港区	0.59	0.04	33 020.21	0.15	0.25	2 922.29	330.20	3 252.49
北戴河区	0.59	0.04	33 361.94	0.15	0.25	2 952.53	333.62	3 286.15
山海关区	0.59	0.04	34 798.03	0.15	0.25	3 079.63	347.98	3 427.61
秦皇岛开发区	0.59	0.04	2 381.00	0.15	0.25	210.72	23.81	234.53
北戴河新区	0.59	0.04	80 388.45	0.15	0.25	7 114.38	803.88	7 918.26

表 4-11 2015 年秦皇岛市沿海各区海洋生态系统海鱼水质净化功能价值

地区	海鱼产量/t	海鱼含氮量/%	海鱼含磷量/%	处理氮成本/（万元/t）	处理磷成本/（万元/t）	固氮价值/万元	固磷价值/万元	合计/万元
海港区	477	2.75	0.20	0.15	0.25	196.76	23.85	2.21
北戴河区	523	2.75	0.20	0.15	0.25	215.74	26.15	2.42
山海关区	1 860	2.75	0.20	0.15	0.25	767.25	93.00	8.60
秦皇岛开发区	410	2.75	0.20	0.15	0.25	1.69	0.21	1.90
北戴河新区	7 013	2.75	0.20	0.15	0.25	2 892.86	350.65	32.44

4.3.1.5 增加空气湿度价值

根据空气加湿器厂家提供资料，采用人工方法使空气湿度增加 1%的成本约为 468 元/hm²。由于海洋水汽蒸发使秦皇岛市的年平均空气湿度较北部地区的承德市高 3%，秦皇岛市海洋生态系统面积为 183 949.63 hm²，则根据式（4-5）得出 2015 年秦皇岛市海洋生态系统增加空气湿度的价值为 25 826.53 万元（表 4-12）。2010 年和 2005 年采用人工方法使空气湿度增加 1%的成本分别为 423 元/hm² 和 405 元/hm²，则 2010 年和 2005 年秦皇岛市海洋生态系统增加空气湿度的价值分别为 23 356.63 万元和 22 358.82 万元。

表 4-12 秦皇岛市海洋生态系统增加空气湿度服务价值

年份	单位面积增加单位空气湿度的价值/（元/hm^2）	海洋生态系统面积/hm^2	空气湿度的增加单位量	增加空气湿度价值/万元
2015	468	183 949.63	3	25 826.53
2010	423	184 055.39	3	23 356.63
2005	405	184 023.17	3	22 358.82

根据沿海各区所辖海洋面积和上述计算方法，2015 年海港区、北戴河区、山海关区、秦皇岛开发区和北戴河新区海洋生态系统增加空气湿度功能价值分别为 4 636.04 万元、4 684.02 万元、4 885.64 万元、334.29 万元和 11 286.54 万元（表 4-13）。

表 4-13 2015 年秦皇岛市沿海各区海洋生态系统增加空气湿度功能价值

地区	单位面积增加单位空气湿度的价值/（元/hm^2）	海洋生态系统面积/hm^2	空气湿度的增加单位量	增加空气湿度价值/万元
海港区	468	33 020.21	3	4 636.04
北戴河区	468	33 361.94	3	4 684.02
山海关区	468	34 798.03	3	4 885.64
秦皇岛开发区	468	2 381	3	334.29
北戴河新区	468	80 388.45	3	11 286.54

4.3.1.6 消浪促淤护岸价值

根据专家评估法，沿海滩涂抵御风暴潮的价值为 63 980 元/hm^2。2015 年秦皇岛市沿海滩涂面积为 3 422.63 hm^2，则根据式（4-6）得出 2015 年秦皇岛市海洋生态系统沿海滩涂的消浪促淤护岸服务价值为 21 897.99 万元（表 4-14）。2010 年和 2005 年的沿海滩涂面积分别为 3 528.39 hm^2 和 3 496.17 hm^2，则 2010 年和 2005 年秦皇岛市海洋生态系统沿海滩涂的消浪促淤护岸服务价值分别为 22 574.69 万元和 22 368.50 万元。

表 4-14 秦皇岛市海洋生态系统沿海滩涂消浪促淤护岸服务价值

年份	沿海滩涂面积/hm^2	沿海滩涂抵御风暴潮价值/（元/hm^2）	增加空气湿度价值/万元
2015	3 422.63	63 980	21 897.99
2010	3 528.39	63 980	22 574.64
2005	3 496.17	63 980	22 368.50

2015 年海港区、北戴河区、山海关区、秦皇岛开发区和北戴河新区的沿海滩涂面积分别为 1.21 hm^2、361.94 hm^2、225.03 hm^2、0.00 hm^2 和 2 834.45 hm^2。根据沿海滩涂抵御风暴潮价值，2015 年海港区、北戴河区、山海关区、秦皇岛开发区和北戴河新区海洋生态系统沿海滩涂消浪促淤护岸服务价值分别为 7.74 万元、2 315.69 万元、1 439.74 万元、0.00 万元和 18 134.81 万元（表 4-15）。

表 4-15 秦皇岛市沿海各区沿海滩涂消浪促淤护岸服务价值

地区	沿海滩涂面积/hm^2	沿海滩涂抵御风暴潮价值/（元/hm^2）	增加空气湿度价值/万元
海港区	1.21	63 980	7.74
北戴河区	361.94	63 980	2 315.69
山海关区	225.03	63 980	1 439.74
秦皇岛开发区	0.00	63 980	0.00
北戴河新区	2 834.45	63 980	18 134.81

4.3.1.7 支持服务功能价值

2005 年渤海海域生物多样性维持功能价格为 5 200 元/（$hm^2 \cdot a$），秦皇岛市海洋生态系统面积为 184 023.17 hm^2，则根据式（4-7）得出秦皇岛市海洋生物多样性维持功能价值为 95 692.05 万元/a（表 4-16）。2010 年和 2015 年分别约为 6 000 元/（$hm^2 \cdot a$）和 6 800 元/（$hm^2 \cdot a$），则根据秦皇岛市海洋面积估算得出 2010 年和 2015 年秦皇岛市海洋生物多样性维持功能价值分别约为 110 433.23 万元和 125 085.75 万元。

表 4-16 秦皇岛市海洋生态系统支持服务功能价值

年份	生物多样性维持功能单价/[元/（hm^2·a）]	海洋生态系统面积/hm^2	知识扩展服务价值/万元
2015	6 800	183 949.63	125 085.75
2010	6 000	184 055.39	110 433.23
2005	5 200	184 023.17	95 692.05

根据沿海各区所辖海洋生态系统面积和上述计算方法，2015 年海港区、北戴河区、山海关区、秦皇岛开发区和北戴河新区海洋生态系统支持服务功能价值分别为 22 453.74 万元、22 686.12 万元、23 662.66 万元、1 619.08 万元和 54 664.15 万元（表 4-17）。

表 4-17 2015 年秦皇岛市沿海各区海洋生态系统支持服务功能价值

地区	生物多样性维持功能单价/[元/（hm^2·a）]	海洋生态系统面积/hm^2	知识扩展服务价值/万元
海港区	6 800	33 020.21	22 453.74
北戴河区	6 800	33 361.94	22 686.12
山海关区	6 800	34 798.03	23 662.66
秦皇岛开发区	6 800	2 381.00	1 619.08
北戴河新区	6 800	80 388.45	54 664.15

4.3.1.8 休闲娱乐价值

秦皇岛市是旅游资源丰富，集山、林、河、湖、泉、瀑、洞、沙、海、关、城、港、别墅、候鸟与珍稀动物于一体。由于旅游收入与各资源息息相关，很难划清界限。采用专家咨询法，把旅游总收入按 4∶4.5∶1∶0.5 的比例，分配到海洋、森林、湿地和农田四大生态系统中，根据式（4-8）计算出各生态系统和各区县的旅游价值（表 4-18、表 4-19），2015 年、2010 年、2005 年秦皇岛市旅游总收入数据由秦皇岛市旅游局提供。

表 4-18 各生态系统不同年份旅游收入 单位：万元

生态系统	2015 年旅游收入	2010 年旅游收入	2005 年旅游收入
海洋	144.96	58.95	27.65
森林	163.08	66.32	31.11
湿地	36.24	14.74	6.91
农田	18.12	7.37	3.46
总计	362.40	147.38	69.13

2015 年秦皇岛开发区涉海旅游接待统计人数为 0，因此开发区海洋生态系统的休闲娱乐价值为 0。海港区、北戴河区、山海关区和北戴河新区涉海旅游接待人数分别为 126.06 万人次、319.74 万人次、179.47 万人次和 298.05 万人次，所占比例分别为 13.74%、34.60%、19.42%和 32.25%。2015 年秦皇岛市海洋生态系统休闲娱乐价值为 1 449 600 万元，则 2015 年海港区、北戴河区、山海关区和北戴河新区海洋生态系统休闲娱乐价值分别为 199 131.39 万元、501 498.67 万元、281 491.11 万元和 467 478.83 万元（表 4-19）。

表 4-19 2015 年秦皇岛市沿海各区海洋生态系统休闲娱乐价值

地区	涉海旅游接待人数/万人次	所占比例/%	沿海各区休闲娱乐价值/万元
海港区	126.96	13.73	199 131.39
北戴河区	319.74	34.60	501 498.67
山海关区	179.47	19.42	281 491.11
秦皇岛开发区	0.00	0.00	0.00
北戴河新区	298.05	32.25	467 478.83

4.3.1.9 科研与知识扩展服务价值

（1）科研服务价值

我国单位面积生态系统的平均科研价值 382 元/（$hm^2 \cdot a$）和 Costanza 等对全球生态系统的科研文化价值 861 美元/（$hm^2 \cdot a$），取二者的平均值 3 204.50 元/（$hm^2 \cdot a$）作为秦皇岛市海洋生态系统单位面积的科研服务价值。2015 年秦皇岛市海洋生态系统面积约为 183 949.63 hm^2，则根据式（4-9）得出秦皇岛市海洋生态系统科研服务价值为 58 946.66 万元/a（表 4-20）。2010 年和 2005 年秦皇岛市海洋生态系统单位面积的科研服务价值分别为 2 672.55 元/（hm^2·a）和 2 313.12 元/（hm^2·a）。根据秦皇岛市海洋生态系统面积得出 2010 年和 2005 年秦皇岛市海洋生态系统科研服务价值分别为 49 189.72 万元和 42 566.77 万元。

表 4-20 秦皇岛市海洋生态系统科研服务价值

年份	单位面积科研服务价值/[元/（hm^2·a）]	海洋生态系统面积/hm^2	科研服务价值/万元
2015	3 204.50	183 949.63	58 946.66
2010	2 672.55	184 055.39	49 189.72
2005	2 313.12	184 023.17	42 566.77

根据沿海各区所辖海洋生态系统面积和上述计算方法，2015 年海港区、北戴河区、山海关区、秦皇岛开发区和北戴河新区海洋生态系统科研服务价值分别为 10 581.33 万元、10 690.83 万元、11 151.03 万元、762.99 万元和 25 760.48 万元（表 4-21）。

表 4-21 2015 年秦皇岛市沿海各区海洋生态系统科研服务价值

地区	单位面积科研服务价值/[元/（hm^2·a）]	海洋生态系统面积/hm^2	科研服务价值/万元
海港区	3 204.50	33 020.21	10 581.33
北戴河区	3 204.50	33 361.94	10 690.83
山海关区	3 204.50	34 798.03	11 151.03
秦皇岛开发区	3 204.50	2 381.00	762.99
北戴河新区	3 204.50	80 388.45	25 760.48

（2）知识扩展服务价值

根据全球浅海文化价值进行估算，2015 年浅海文化价值约为 862.92 元/（hm^2·a），秦皇岛市海洋生态系统面积约为 183 949.63 hm^2，则根据式（4-10）得出秦皇岛市海洋知识扩展服务价值约为 15 873.38 万元/a（表 4-22）。2010 年和 2005 年浅海文化价值分别为 659.95 元/（hm^2·a）和 762.50 元/（hm^2·a），则秦皇岛市海洋生态系统知识扩展服务价值分别为 14 034.22 万元和 12 144.61 万元。

表 4-22 秦皇岛市海洋生态系统知识扩展服务价值

年份	浅海文化价值/[元/（$hm^2·a$）]	海洋生态系统面积/hm^2	知识扩展服务价值/万元
2015	862.92	183 949.63	15 873.38
2010	762.50	184 055.39	14 034.22
2005	659.95	184 023.17	12 144.61

根据沿海各区所辖海洋面积和上述计算方法，2015 年海港区、北戴河区、山海关区、秦皇岛开发区和北戴河新区海洋生态系统知识扩展服务价值分别为 2 849.38 万元、2 878.87 万元、3 002.79 万元、205.46 万元和 6 936.88 万元（表 4-23）。

表 4-23 2015 年秦皇岛市沿海各区海洋生态系统知识扩展服务价值

地区	浅海文化价值/[元/（$hm^2·a$）]	海洋生态系统面积/hm^2	知识扩展服务价值/万元
海港区	862.92	33 020.21	2 849.38
北戴河区	862.92	33 361.94	2 878.87
山海关区	862.92	34 798.03	3 002.79
秦皇岛开发区	862.92	2 381.00	205.46
北戴河新区	862.92	80 388.45	6 936.88

因此，2015 年、2010 年和 2005 年秦皇岛市海洋生态系统科研与知识扩展服务价值分别为 74 820.04 万元、63 223.94 万元和 54 711.38 万元。2015 年海港区、北戴河区、山海关区、秦皇岛开发区和北戴河新区海洋生态系统的科研与知识扩展服务价值分别为 13 430.71 万元、13 569.70 万元、14 153.82 万元、968.45 万元和 32 697.36 万元。

4.3.2 海洋生态系统服务功能总价值

秦皇岛市海洋生态系统服务功能总价值如表 4-24 所示。2015 年秦皇岛市海洋生态系统服务功能价值约 2 076 523.84 万元，2010 年和 2005 年价值分别为 1 070 715 万元和 703 399.53 万元。

表 4-24　秦皇岛市海洋生态系统服务功能价值　　　　单位：万元

海洋生态系统服务功能		2015 年	2010 年	2005 年
供给服务功能	食品生产	234 495.96	131 701.55	78 274.25
调节服务功能	释放氧气	51 689.85	46 566.01	55 022.93
	固定二氧化碳	74 941.08	67 253.84	79 415.2
	水质净化	18 174.07	16 085.72	19 036.4
	增加空气湿度	25 826.53	23 356.63	22 358.82
	消浪促淤护岸	21 897.99	22 574.64	22 368.5
支持服务功能	生物多样性维持	125 085.75	110 433.23	95 692.05
文化服务功能	休闲娱乐	1 449 600	589 520	276 520
	科研与知识扩展服务	74 812.61	63 223.94	54 711.38
总计		2 076 523.84	1 070 715.56	703 399.53

不同年份秦皇岛市海洋生态系统服务功能价值比例分配如图 4-2 所示。在海洋生态系统服务功能价值中文化服务功能价值最高，2005 年、2010 年和 2015 年文化服务功能就价值占比分别为 47.09%、60.96%和 73.41%，呈逐年增加的趋势。这与秦皇岛市“旅游兴市”的发展战略相一致。秦皇岛市海洋生态系统四大服务类型中，调节服务先降后升，这与 2005 年后秦皇岛市海洋环境质量下降以及 2013 年开展海洋环境整治行动并取得一定效果有关，其他三大类型则呈逐年增加的趋势（图 4-3）。

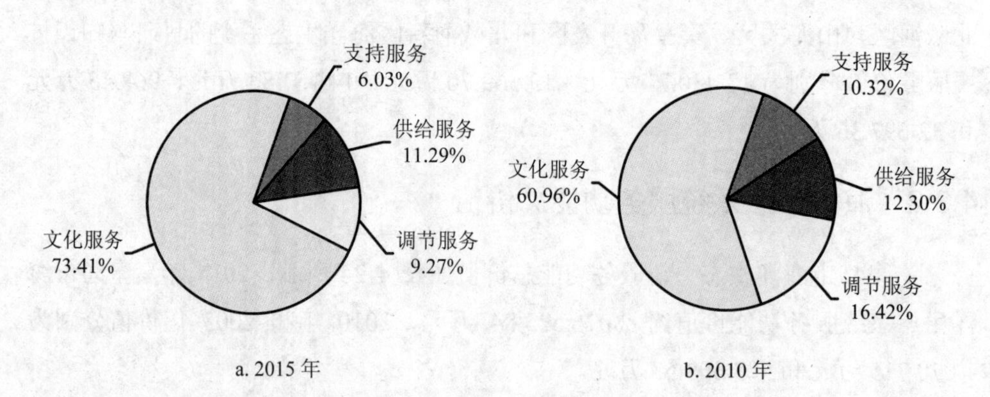

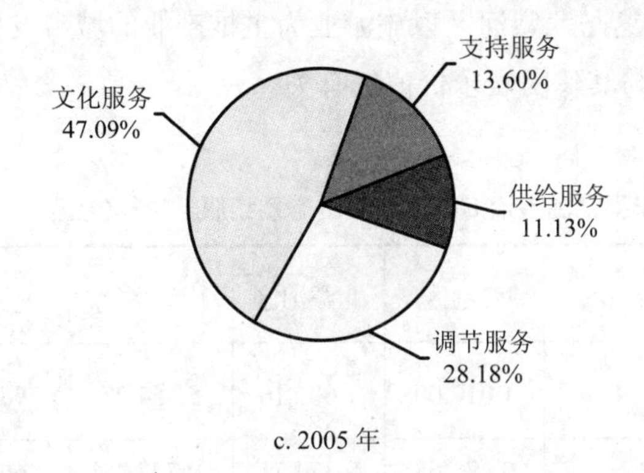

c. 2005 年

图 4-2 不同年份秦皇岛市海洋生态系统服务价值分配比例

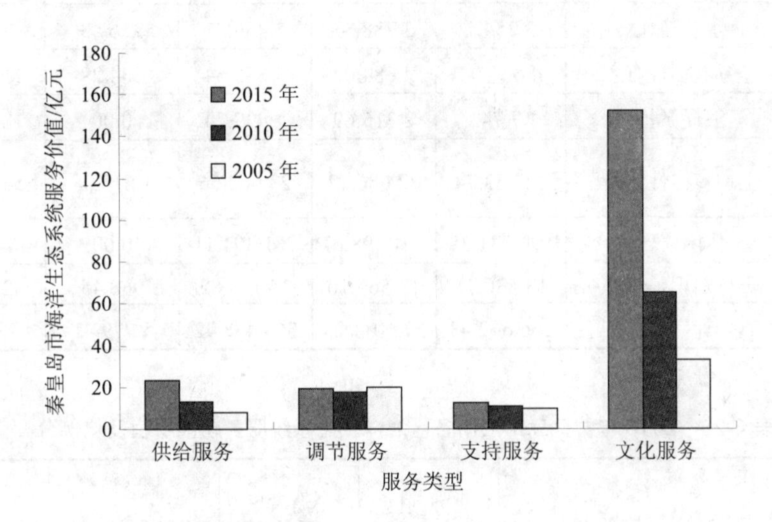

图 4-3 不同年份秦皇岛市海洋生态系统不同服务类型价值

秦皇岛市沿海各区海洋生态系统服务功能价值中，2015 年海港区、北戴河区、山海关区、秦皇岛开发区和北戴河新区海洋生态系统服务功能价值分别为 266 662.43 万元、572 011.29 万元、358 478.42 万元、5 779.41 万元和 873 592.29 万元（表 4-25）。

在秦皇岛市沿海各区海洋生态系统服务功能价值比例分配中，海港区、北戴河区、山海关区、秦皇岛开发区和北戴河新区海洋生态系统服务功能价值中文化功能价值分别占 79.71%、90.04%、82.47%、16.76%和 57.26%，其中北戴河区占比最大（表 4-26），这与北戴河区以旅游业为主推产业的城市发展战略相一致。开发区占比很低，这与其休闲娱乐价值低有关。

表 4-25 2015 年秦皇岛市沿海各区海洋生态系统服务功能价值 单位：万元

海洋生态系统服务功能		海港区	北戴河区	山海关区	秦皇岛开发区	北戴河新区
供给服务功能	食品生产	1 017.00	1 002.16	5 454.27	982.08	226 040.50
调节服务功能	释放氧气	9 278.68	9 374.71	9 778.25	669.06	22 589.15
	固定二氧化碳	13 452.43	13 591.65	14 176.72	970.02	32 750.25
	水质净化	3 254.7	3 288.57	3 436.21	236.43	7 950.7
	增加空气湿度	4 636.04	4 684.02	4 885.64	334.29	11 286.54
	消浪促淤护岸	7.74	2 315.69	1 439.74	0.00	18 134.81
支持服务功能	生物多样性维持	22 453.74	22 686.12	23 662.66	1 619.08	54 664.15
文化服务功能	休闲娱乐	199 131.39	501 498.67	281 491.11	0.00	467 478.83
	科研与知识扩展服务	13 430.71	13 569.70	14 153.82	968.45	32 697.36
总 计		266 662.43	572 011.29	358 478.42	5 779.41	873 592.29

表 4-26 2015 年秦皇岛市沿海各区海洋生态系统服务功能价值及比例分配

海洋生态系统服务功能		海港区	北戴河区	山海关区	秦皇岛开发区	北戴河新区
供给服务功能	价值/万元	1 017	1 002.16	5 454.27	982.08	226 040.5
	比例/%	0.38	0.18	1.52	16.99	25.87
调节服务功能	价值/万元	30 629.59	33 254.64	33 716.56	2 209.8	92 711.45
	比例/%	11.49	5.81	9.41	38.24	10.61
支持服务功能	价值/万元	22 453.74	22 686.12	23 662.66	1 619.08	54 664.15
	比例/%	8.42	3.97	6.60	28.01	6.26
文化服务功能	价值/万元	212 562.1	515 068.37	295 644.9	968.45	500 176.2
	比例/%	79.71	90.04	82.47	16.76	57.26

4.3.3 海洋生态系统资源资产存量价值

海洋资源资产存量价值采用收益还原法进行计算，以海洋生态系统服务总价值的现值按 3%贴现率折算成无限期来表示，则式（4-11）变为

$$P = a/r \tag{4-12}$$

式中：P——海洋资源资产存量价值，元；

a——海洋生态服务价值的现值，元/a；

r——还原利率，%。

根据式（4-12）得出，秦皇岛市 2005 年、2010 年和 2015 年的海洋资源资产存量价值分别为 2 344.67 亿元、3 569.05 亿元和 6 921.75 亿元（图 4-4）；2015 年海港区、北戴河区、山海关区、秦皇岛开发区和北戴河新区海洋资产价值分别为 888.87 亿元、1 906.70 亿元、1 194.93 亿元、19.26 亿元和 2 911.97 亿元（图 4-5）。

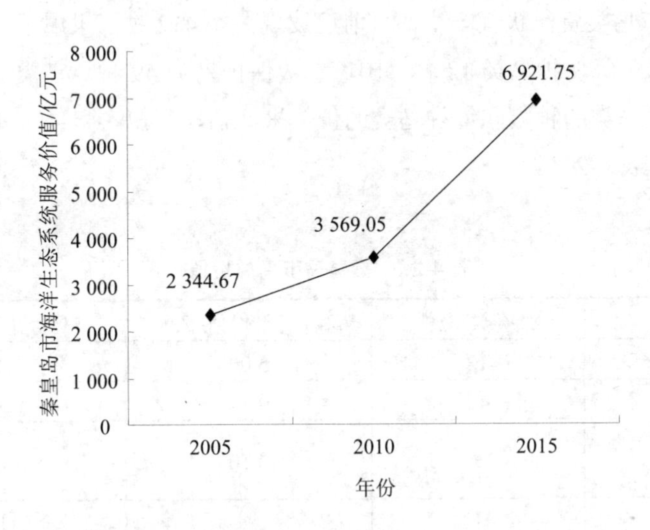

图 4-4 不同年份秦皇岛海洋生态资产价值变化

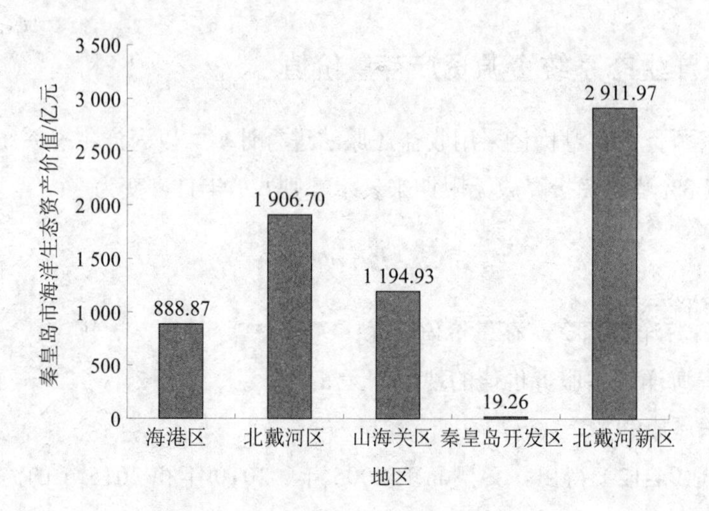

图 4-5 秦皇岛市沿海各区海洋资产价值

4.3.4 鸟类资源价值

秦皇岛市鸟类资源极其丰富，目前已发现鸟类 412 种，隶属于 21 个目 61 个科。其中国家一级保护鸟类 12 种，国家二级保护鸟类 49 种。鸟类价值采用专家咨询法及各级鸟类的种数和每种鸟类的价值来评估，得出秦皇岛市鸟类价值约为 119.60 亿元（表 4-27）。

表 4-27 秦皇岛市鸟类价值

鸟类级别	种类数量/种	每种鸟类价值/亿元	鸟类总价值/亿元
国家一级	12	5.00	60.00
国家二级	49	0.50	24.50
其他有益或有重要经济和科研价值	351	0.10	35.10
合 计	412	—	119.60

4.4 海洋生态系统服务功能利用与保护对策

4.4.1 利用对策

4.4.1.1 打造海洋生态旅游品牌

秦皇岛因海而生，因海而兴，这一特色还应进一步发展。秦皇岛海洋旅游资源的开发与利用，应当打着“秦皇岛海滨”的整体品牌，努力发展地方品牌，树立良好的海滨旅游品牌形象。生态旅游是未来旅游的主导方向之一，发展秦皇岛市的海洋生态旅游具有重要的意义。海洋生态系统和陆地生态系统交错区的滨海湿地作为重要的鸟类栖息地，应当在加强保护的基础上继续开发利用这些湿地鸟类资源，使其成为秦皇岛市海洋生态旅游的一道美丽且独特的风景线。探索开发利用海洋生物的旅游资源，助推秦皇岛市海洋生态旅游发展，打造秦皇岛市海洋生态旅游新名片。

4.4.1.2 合理开发利用海洋经济资源

海洋拥有丰富的经济资源，蕴藏着巨大的经济潜力。秦皇岛市海洋生态环境良好，物产丰富，海洋经济的地位已逐渐显现，但发展潜力还有待于进一步挖掘。良好的海洋生态环境使秦皇岛市拥有了丰富的海洋经济资源，可以凭借如此优良的资源腹地，将海洋第一产业、渔业和海洋第三产业、海洋旅游业有机结合起来，进一步优化海洋经济发展布局、推进海洋产业优化升级、促进海洋经济创新发展、加快海洋经济合作发展、深化海洋经济体制改革，增强海洋经济实力，充分挖掘海洋经济资源潜力，发挥海洋经济在秦皇岛市经济中的巨大拉动作用。

4.4.2 保护对策

4.4.2.1 严守海洋生态红线

在渤海海洋生态红线的指导下，牢固树立“尊重自然、顺应自然、保护自然”

的海洋生态文明理念，建立秦皇岛市海洋生态保护红线制度，推进海洋生态红线管控，确保生态功能区标准不降低、面积不减少、性质不改变。以保障海洋生态安全、助推沿海各区快速发展为导向，以重要海洋生态功能区、生态敏感区和生态脆弱区为保护重点，以分区管理、分级保护为手段，严守海洋生态红线，严格执行海洋生态红线区的管控措施，优先保护自然生态空间，强化自然岸线、河口、近岸海域等重要海洋生境的保护与修复，维护海洋生态系统健康和安全。

4.4.2.2 完善海洋环境保护法制体系建设

海洋是秦皇岛市经济、社会和生态可持续发展的载体，秦皇岛市应在国家和河北省相关海洋法律法规的基础上制定符合本地区实际的海洋生态环境保护法律体系，从法律层面上界定海洋开发项目，解决多部门重复交叉管理问题，提高法律地位，提升法律的威慑力和影响力；提高用海成本，延缓海洋过热开发进程。坚持“法律先行、体制跟上、制度保障”原则，着力强领导、优机构、建制度，为海洋环境保护执法工作开展打下坚实基础。

4.4.2.3 加强海洋生态环境监视监测能力建设

利用先进可靠的自动化监测技术，建设海洋生态环境监测系统，第一时间掌握海洋生态环境的动态变化；加强对“鸽子窝”“老虎石”、滨海浴场、黄金海岸、海港码头和河流入海口等重点海域的监测力度，建立海洋环境监测经费政府财政投入机制，完善人才队伍及能力建设，加大对海洋生态环境监测机构的监督管理等。建立海洋生态灾害监测网络预报系统，提升海洋灾害风险区划与评估能力。构建海洋环境应急响应和处置体系、重大海洋污损事件生态损害评估与生态补偿体系、海洋污损和海洋生态环境损害跟踪监测制度以及多部门联动机制，全面提升对海洋突发事件的应急处理能力。

4.4.2.4 加强海洋退化环境治理与修复

加强秦皇岛市陆海污染和涉海污染防治，按照“陆海统筹、河海共治”的原则加强组织领导，构建“一盘棋”工作格局，发挥各自职能优势，找准工作切入点，推行实施“湾长制”，全面提升海湾管理；开展秦皇岛市辖区海域的生态环境调查研究，明确其环境承载量，细化环境管理目标，制订开发利用规划和生态系统修复计划，有效保护海洋生态环境和重要经济动植物的繁殖、洄游与栖息地，维持近海生态系统健康；加强滨海湿地的科学研究与建设，通过滨海湿地的植被保护以及退化湿地的植被恢复、海岸生态建设、滨海湿地公园建设等措施，逐步构建潮间带和近海滩涂生态屏障，恢复近岸海域污染物消减能力和生物多样性维持能力。

4.4.2.5 加强海洋生态文明建设

发挥好新闻媒体的舆论监督和导向作用，加强全民海洋保护意识教育，传播海洋生态文明理念，让全社会充分认识到保护海洋资源和海洋生态环境的重要性和紧迫性，增强全社会的责任感和使命感，提高广大人民群众保护海洋资源和海洋生态环境的积极性和主动性，深刻了解海洋资源有限、海洋环境承载力有限的海洋环保观念，推广海洋资源环境有偿使用理念，以科学发展观为指导科学开发利用海洋，以“绿水青山就是金山银山”为准则实现保护海洋环境和发展海洋经济的双赢。

参考文献

[1] Chen S，Zhang ZH，Ma Y，et al. Program for service evaluation of marine ecosystems in China waters[J]. Advances in Earth Science，2006，21（11）：1127-1133.

[2] Costanza R，d’Arge R，de Groot R，et al. The value of the world’s ecosystem services and natural capital[J]. Nature，1997，387：253-260.

[3] Millennium Ecosystem Assessment（MA）. Ecosystems and human well-being：Synthesis[M]. Washington DC：Island Press，2005.

[4] 陈尚，任大川，夏涛，等. 海洋生态资本理论框架下的生态系统服务评估[J]. 生态学报，2013，33（19）：6254-6263.

[5] 程娜. 海洋生态系统的服务功能机器价值评估研究[D]. 大连：辽宁师范大学，2008.

[6] 杜国英，陈尚，夏涛，等. 山东减缓生态资本价值评估——近海生物资源现存量价值[J]. 生态学报，2011，31（19）：5553-5560.

[7] 李翠格. 秦皇岛沿海地学旅游资源开发研究[D]. 石家庄：河北师范大学，2008.

[8] 李京梅，张国庆，陈尚，等. 罗源湾海域生态资本对区域经济贡献度的实证分析[J]. 中国海洋大学学报（社会科学版），2012（1）：43-47.

[9] 单胜道，尤建新. 收益还原法及其在林地价格评估中的应用[J]. 同济大学学报（自然科学版），2003，31（11）：71-73.

[10] 王敏，陈尚，夏涛，等. 山东近海生态资本价值评估——供给服务价值[J]. 生态学报，2011，31（19）：5561-5570.

[11] 吴姗姗，刘容子，齐连明，等. 渤海海域生态系统服务功能价值评估[J]. 中国人口·资源与环境，2008，18（2）：65-69.

[12] 张朝晖，叶属峰，朱明远. 典型海洋生态系统服务及价值评估[M]. 北京：海洋出版社，2008.

5　森林生态服务功能及资源资产价值评估

5.1　秦皇岛市森林资源现状

5.1.1　林地资源

2015 年秦皇岛市林地面积为 396 568 hm^2，其中，有林地面积为 323 376 hm^2，占林地总面积的 81.54%；灌木林地为 42 894 hm^2，占林地总面积的 10.82%；未成林地面积为 22 430 hm^2，占林地总面积的 5.66%，疏林地和苗圃地面积相对较小。从林地资源空间分布来看（图 5-1、附图 5-2），林地空间分布差别较大，主要分布在北部青龙满族自治县，占林地总面积的 69.1%；其次是抚宁区，占林地面积的 9.5%；面积最小的是秦皇岛开发区，占林地总面积的 0.5%。总体来说，林地主要分布在中低山丘陵地区。2005 年秦皇岛市林地资源见表 5-1。

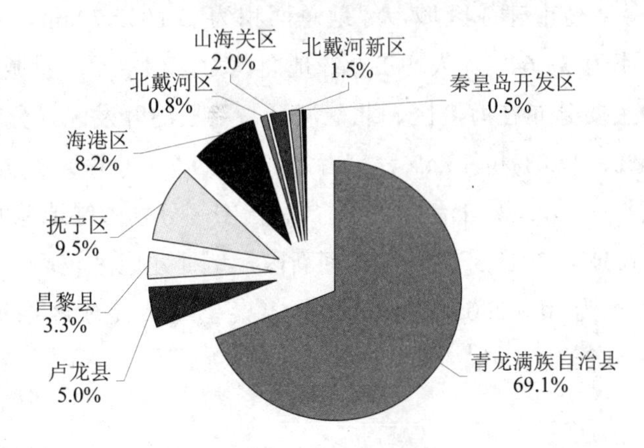

图 5-1　2015 年秦皇岛市各区县森林植被面积所占百分比

表 5-1 秦皇岛市不同时期林地面积 单位：hm^2

年份	有林地	疏林地	灌木林地	未成林地	苗圃地
2015	323 376	2 813	42 894	22 430	5 055
2005	313 877	8 393	37 595	21 474	963

5.1.2 林木资源

2015 年秦皇岛市活立木总蓄积量为 5 132 084 m^3，其中有林地活立木蓄积量占总蓄积量的 93.4%，其次是四旁树蓄积量占总蓄积量的 3.6%，林带蓄积量占总蓄积量的 1.6%，疏林地蓄积量和散生木蓄积量分别占总蓄积量的 0.6%和 0.8%。2005 年秦皇岛市林木资源见表 5-2。

表 5-2 秦皇岛市不同时期林木蓄积量 单位：m^3

年份	有林地	疏林地	四旁树	散生木	林带
2015	4 791 247	30 676	186 261	41 381	82 519
2005	3 753 590	47 791	64 714	10 759	—

5.1.3 城市绿地资源

2015 年秦皇岛市建成区城市绿地总面积为 5 103.57 hm^2，绿化覆盖率为 40.23%，绿地率为 38.64%，人均工业绿地面积为 20.18 m^2。就城市绿地面积来看，城市绿地主要分布在海港区、北戴河区、秦皇岛开发区，分别占城市绿地总面积的 25.4%、21.0%和 13.5%，三者之和占 59.9%，主要分布在秦皇岛市的主城区。昌黎县、青龙满族自治县、卢龙县和抚宁区分别占绿地总面积的 10.4%、7.9%、7.7%、6.3%。2015 年设置北戴河新区，地处建成区较远，城市绿地面积尚未建设，面积为 0。2005 年和 2010 年秦皇岛市建成区绿地面积分别为 3 013.51 hm^2 和 4 203.16 hm^2。

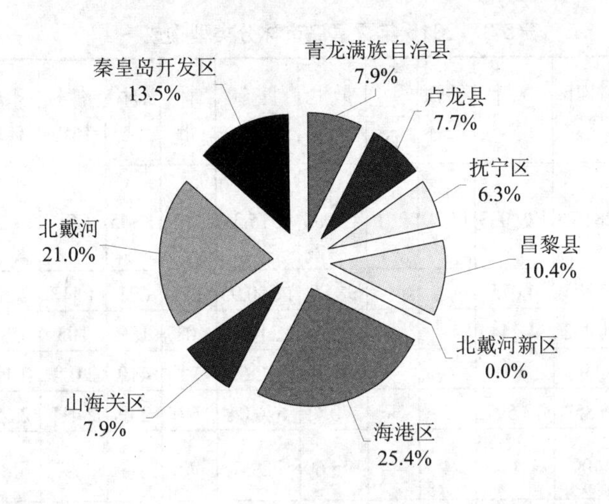

图 5-3 2015 年秦皇岛市城市绿地各区县面积所占百分比

5.2 研究内容与方法

5.2.1 研究数据

本章的基础数据主要有：① 秦皇岛市 2005 年、2015 年森林资源二类调查数据；② 秦皇岛市 2005 年、2010 年、2015 年绿化统计年报；③《秦皇岛统计年鉴 2016》；④ 实测数据有林木的含碳率；土壤 N、P、K 和有机质含量；林木 N、P、K 含量；城市绿地标准样地蓄积量。⑤公开发表的科技文献资料。

根据森林资源二类调查数据，分别统计了针叶林、阔叶林、针阔混林、阔叶混交林、散生木、林带、疏林地、灌木林地、未成林地、经济林、城市绿地等基本数据。将四旁树、散生木、林带根据蓄积量折算成面积，城市绿地根据面积折算成蓄积量。以上数据作为本章的基础数据（表 5-3、表 5-4）。

表 5-3 2015 年秦皇岛市林分类型构成 单位：hm²

行政区	林分面积之和	针叶林	阔叶林	针阔混林	阔叶混交林	散生木	四旁树	林带	疏林地	灌木林地	未成林地	经济林	城市绿地
青龙满族自治县	275 076.2	28 975	129 033	1 739	281	494.84	515.3	252	1 345	36 262	13 214	62 562	403.06
卢龙县	21 219.17	4 373	4 075	—	—	98.89	1 550.95	187	621	1 113	2 500	6 309	391.33
昌黎县	15 222.13	1 962	4 244	—	—	103.44	2 214.16	1 087	189	105	682	4 104	531.53
抚宁区	38 911.45	12 970	5 918	—	—	337.21	912.52	71	419	2 011	2 155	13 794	323.72
海港区	34 726.71	5 852	13 597	7	—	270.11	670.04	67	239	2 411	2 652	7 667	1 294.56
北戴河区	5 077.06	409	1 444	4	—	145.69	829.5	78	—	—	484	613	1 069.87
北戴河新区	5 644.75	19	4 811	—	—	26.41	130.34	34	—	109	259	256	—
山海关区	8 574.87	1 756	2 673	26	23	71.56	156.11	—	—	883	357	2 228	401.2
秦皇岛开发区	2 310.87	40	591	—	—	31.26	130.31	73	—	—	127	630	688.3

表 5-4 2005 年秦皇岛市林分类型构成 单位：hm²

行政区	林分面积之和	针叶林	阔叶林	针阔混林	阔叶混交林	散生木	四旁树	林带	疏林地	灌木林地	未成林地	经济林	城市绿地
青龙满族自治县	248 734.99	41 098	121 461	—	—	71	—	—	3 412	31 107	10 282	41 113	190.99
卢龙县	20 042.42	4 688	3 244	—	—	87	—	—	1 255	1 104	860	8 619	185.42
昌黎县	24 874.45	3 247	8 526	—	—	191.93	2 241.66	—	121	1 016	728	8 551	251.86
抚宁区	74 555.19	26 420	17 897	—	—	50.8	—	—	3 499	3 526	6 297	16 712	153.39
海港区	6 562.5	302	1 914	—	—	1	—	—	60	105	1 533	1 679	968.5
北戴河区	4 012.25	517	1 376	—	—	0.07	—	—	3	0	198	961	957.18
山海关区	8 334.45	1 961	2 267	—	—	0.3	—	—	43	737	1 576	1 444	306.15

注：2005 年森林资源二类调查数据中针阔混交林、阔叶混交林、四旁树、林带未统计。

5.2.2 建立森林生态服务功能价值评估指标体系

本章参照《千年生态系统评估》(Millennium Ecosystem Assessment，MA)提出的生态系统服务功能分类方法和原国家林业局颁布的《森林生态系统服务功能评估规范》(LY/T 1721—2008)，从支持服务、调节服务、供给服务和文化服务功能 4 个方面，构建秦皇岛市森林生态系统服务的分类指标体系，共 10 类评价指标 23 项具体功能指标（表 5-5）。

表 5-5 秦皇岛市森林生态系统服务评价指标体系

服务类型	服务功能	功能指标	评价方法
供给服务	林木产品	木材	市场价值法
	林副产品	水果	市场价值法
调节服务	固碳释氧	固定 CO_2	碳税法
		释放氧气	市场价值法
调节服务	净化空气	释放负离子	造林成本法
		吸收 SO_2	影子工程法
		吸收 NO_x	影子工程法
		滞尘	影子工程法
		降低噪声	影子工程法
		杀菌	造林成本法
	涵养水源	调节水量	影子工程法
		净化水质	影子工程法
	保育土壤	固土	影子工程法
		保肥（N、P、K）	市场价值法
		农田防护	市场价值法
支持服务	林木营养物质积累	N、P、K	市场价值法
	保护生物多样性	物种保护	成果参照法
文化服务	科研与教育价值	科研与教育	成果参照法
	森林游憩价值	景观与美学、旅游	专家咨询法

5.2.3 评估指标研究方法

本章主要先计算物质量，再计算价值量，对于部分无物质量的指标采用价值量计算。

5.2.3.1 林产品价值评估

（1）活立木年生产量及价值

本章用森林活立木价值表示森林木材价值。活立木年生产量及价值评估采用式（5-1）计算。

$$V_{年价值}=\sum S_i \times V_i \times P_i \tag{5-1}$$

式中：$V_{年价值}$——森林木材年总价值，元/a；

S_i——第 i 类林分类型的分布面积，hm^2；

V_i——第 i 类林分单位面积蓄积生长量，m^3/（hm^2·a）；

P_i——第 i 类林分的市场价格，m^3/元。

木材的活立木单价参考当地木材市场价格。

（2）林副产品生产量及价值评估

林副产品主要指各种经济林产品。本章采用市场价值法来评估其价值。

$$V_{总价值}=\sum Q_i \times P_i \tag{5-2}$$

式中：$V_{总价值}$——林副产品年价值，元/a；

Q_i——第 i 类林副产品年产量，t；

P_i——第 i 类林副产品价格，元/t。

林副产品价格参考当地市场价格。

5.2.3.2 固碳释氧价值评估

（1）固碳价值评估

森林作为陆地生态系统中最大的碳库，不仅维护着区域和全球生态环境系统的稳定，而且在全球碳循环中起着重要作用。森林固碳包括植被固碳和土壤固碳

两部分，计算公式为

$$V_{碳}=(1.63\times R_{碳}\times B_{年}+F_{土壤固碳率})\times S\times P_C \quad (5\text{-}3)$$

式中：$V_{碳}$——森林年固碳价值，元/a；

$R_{碳}$——CO_2中碳的含量，%；

$B_{年}$——单位面积森林净生产力，t/（hm^2·a）；

$F_{土壤固碳率}$——土壤年固碳率，t/（hm^2·a）；

S——森林面积，hm^2；

P_C——CO_2价格，元/t。

（2）释氧价值评估

植物通过光合作用吸收空气中的CO_2，利用太阳能生产碳水化合物，同时释放出氧气。植物的这一功能对于整个生物界及全球大气平衡，具有重要意义。释氧价值评估计算公式为

$$V_{氧}=1.19\times B_{年}\times S\times P_O \quad (5\text{-}4)$$

式中：$V_{氧}$——绿地年释氧价值，元/a；

$B_{年}$——单位面积森林净生产力，t/（hm^2·a）；

S——森林面积，hm^2；

P_O——氧气价格，元/t。

5.2.3.3 释放负氧离子价值评估

森林中高浓度的负氧离子含量被人们喻为“天然氧吧”，是一种重要的生态资源，越来越受到人们的青睐。释放负氧离子个数及价值评估公式为

$$G_{负离子}=5.256\times 10^{15}\times S\times H\times Q_{负离子}/L \quad (5\text{-}5)$$

$$V_{负离子}=5.256\times 10^{15}\times S\times H\times P_Q\times(Q_{负离子}-600)/L \quad (5\text{-}6)$$

式中：$G_{负离子}$——负离子个数，个/a；

$V_{负离子}$——森林释放负离子价值，元/a；

H——林分高度，m；

P_Q——负离子的生产费用，个/元；

$Q_{负离子}$——林分负离子浓度，个/cm；

L——负离子寿命，min。

5.2.3.4 吸收 SO_2、NO_x 有害气体价值评估

SO_2、NO_x 是大气中有害气体比较多的成分，分布广、危害大，森林植被通过对大气污染物质的吸收、降解、积累和迁移，达到对大气污染的净化作用。森林吸收 SO_2、NO_x 功能效益的计量公式为

$$V_{二氧化硫}（或V_{氮氧化物}）= Q \times S \times P \quad (5\text{-}7)$$

式中：$V_{二氧化硫}$（或 $V_{氮氧化物}$）——森林每年吸收 SO_2（或 NO_x）的价值量，元/a；

Q——单位面积林分吸收 SO_2（或 NO_x）的量，kg/（$hm^2 \cdot a$）；

S——林分面积，hm^2；

P——治理 SO_2、NO_x 的费用，元/kg。

5.2.3.5 滞尘价值评估

由于森林枝叶茂密，可以阻挡气流和降低风速，使大气中的尘埃失去移动的动力而降落。另外，森林具有较强的蒸腾作用，使树冠周围和森林表面保持较大的湿度，使尘埃湿润增加重量，这样尘埃较容易降落吸附。再者，树木的花、叶和枝等能分泌多种黏性汁液，同时表面粗糙多毛，空气中的尘埃经过森林，便附着于叶面及枝干的下凹部分，从而起到粘着、阻滞和过滤作用，所以森林具有阻滞尘埃的功效。森林植被滞尘价值评估公式为

$$V_{滞尘}=Q_{滞尘} \times S \times P \quad (5\text{-}8)$$

式中：$V_{滞尘}$——森林年滞尘量价值，元/a；

$Q_{滞尘}$——单位面积林分年滞尘量，kg/（$hm^2 \cdot a$）；

S——林分面积，hm^2；

P——降尘的清理费用，元/kg。

5.2.3.6 降低噪声价值评估

根据参考文献，森林降低噪声的价值通常有 3 种方法：① 以森林活立木蓄积量和造林成本价的 15%或 20%来计算。② 以噪声危害造成健康等危害的费用和噪声危害的治理费用之和来替代。但健康的损失费用和交通噪声那样大的范围，噪声的治理费用往往很难确定。③ 以森林面积折算成城市隔音墙，根据隔音墙的成本计算森林的隔音价值。本章采用③计算方法，把森林面积参数改为道路长度，用公路里程的长度作为隔音墙的长度。

降低噪声价值评估公式为

$$V_{减噪}=K_{噪声}\times L\times 4 \qquad (5\text{-}9)$$

式中：$V_{减噪}$——减弱噪声价值，元/a；

$K_{噪声}$——降噪费用，元/m^2；

L——道路长度，m。

5.2.3.7 杀灭细菌价值评估

森林的滞尘作用减少了细菌的载体，使细菌不能在空气中单独存在和传播，从而使空气中细菌减少。同时，由于有些森林植物分泌出挥发性的物质也可杀死或抑制周围的细菌。植物具有杀菌作用的物质被称为“杀菌素”，它是由植物的油腺等组织在新陈代谢过程中分泌出来的香精、酒精、有机酸、醚、醛和酮等化学物质。由于城市绿地的杀菌抑菌能力，使有绿地的地方和无绿地的地方，其空气中的含菌量差别极大。相关研究发现有 300 多种植物能分泌出挥发性的杀菌物质；1 亩松柏林每天可分泌 2 kg 杀菌素；拥挤的商场内空气中有细菌 400 万个/m^3，林荫大道上为 58 万个/m^3，绿化公园 1 000 个/m^3，而林区只有 55 个/m^3（靳芳等，2007）。

目前我国对森林的杀菌价值评估，通常采用林木的蓄积量乘以造林成本的 20%来计算（肖建武等，2009；北京林业大学，2011；王伯民等，2015）。

$$V_{杀菌}=Q_{蓄积}\times F\times 20\% \qquad (5\text{-}10)$$

式中：$V_{杀菌}$——杀菌价值，元/a；

$Q_{蓄积}$——林分蓄积量，m^3；

F——林木价格（造林成本），元/m^3。

5.2.3.8　涵养水源价值评估

森林涵养水源功能可划分为蓄水量和净化水质 2 个指标进行价值评估。

（1）蓄水量及价值

本章采用水量平衡法核算秦皇岛市各区县森林植被的水源涵养量，计算公式为

$$V_{蓄水量}=10\times C_{库}\times S\times(P-E-C) \tag{5-11}$$

式中：$V_{蓄水量}$——森林涵养水源价值量，元/a；

S——森林面积，hm^2；

$C_{库}$——水库平均库容成本，元/m^3；

P——秦皇岛市各区县多年平均降水量，mm/a；

E——森林年蒸散量，mm/a；

C——地表径流量，mm/a。

（2）净化水质量及价值

由于森林在蓄水的同时也在一定程度上净化了水质，森林生态系统每年净化水质总量即为蓄水量。研究表明有水源涵养林的流域，其水质达到国家地表水质标准的Ⅰ～Ⅱ类，优于其所属河流和水库水质，如有水源涵养林保护的流域 COD 浓度是对照河流 COD 浓度的 45.5%～80%，是水库 COD 浓度的 45.5%～64.55%（宋磊，2004）。森林对水质的净化作用可以等同于自来水公司净化水过程，因而，森林净化水质的单位价格可以用自来水公司净化水的单位成本费用来替代。

$$V_{净化水质}=10\times K\times S\times(P-E-C) \tag{5-12}$$

式中：$V_{净化水质}$——森林净化水质价值量，元/a；

S——森林面积，hm^2；

K——自来水公司净化水质成本，元/m^3；

P——秦皇岛各区县多年平均降水量，mm/a；

E——森林年蒸散量，mm/a；

C——地表径流量，mm/a。

5.2.3.9 森林保育土壤价值评估

（1）固土价值评估

森林最直接的保育土壤的价值就是减少土壤侵蚀。目前有关森林保持土壤侵蚀量的计算方法主要有 3 种：① 用无林地与有林地的土壤侵蚀差异来表示；② 用无林地的土壤侵蚀量计算（忽略森林土壤侵蚀量）；③ 根据潜在侵蚀量与现实侵蚀量的差值计算。每种方法各有优缺点，考虑到获取数据可行性，本章采用无林地与有林地的土壤侵蚀差异来计算固土价值。

$$V_{固土}=(K_1-K_2)\times S\times P \tag{5-13}$$

式中：$V_{固土}$——固土价值量，元/a；

K_1——无林地的土壤侵蚀模数，t/（hm^2·a）；

K_2——林地的土壤侵蚀模数，t/（hm^2·a）；

S——林地面积，hm^2；

P——单位土壤侵蚀所造成的经济损失，元/t。

（2）保肥价值评估

土壤中含有丰富的有机质、氮、磷、钾等元素，根据固土量，计算土中的氮、磷、钾和有机质含量，然后折算为磷酸二铵、氯化钾和有机质的量。森林减少土壤氮、磷、钾、有机质损失的经济价值可根据“影子价格”来估算，即现行化肥价格来确定。评估公式为

$$V_{肥}=(K_1-K_2)\times S(N\times C_1/R_1+P\times C_1/R_2+K\times C_2/R_3+M\times C_3) \tag{5-14}$$

式中：$V_{肥}$——保肥价值，元/a；

K_1——无林地的土壤侵蚀模数，t/（hm^2·a）；

K_2——林地的土壤侵蚀模数，t/（hm^2·a）；

S——林地面积，hm^2；

N——林分土壤平均含氮量，%；

C_1——磷酸二胺化肥价格，元/t；

R_1——磷酸二胺化肥含氮量，%；

P——林分土壤平均含磷量，%；

R_2——磷酸二胺化肥含氮量，%；

K——林分土壤平均含钾量，%；

C_2——氯化钾化肥价格，元/t；

R_3——氯化钾化肥含氮量，%；

M——林分土壤有基质含量，%；

C_3——有机质价格，元/t。

5.2.3.10 森林防护价值评估

森林植被具有改善气候的作用，从而间接影响周围农田作物生长的生态环境因子，有利于农田作物的生长发育，可使粮食平均增产 10%～25%（刘献明等，2005）。

$$V_{防护} = S \times Q \times C \tag{5-15}$$

式中：$V_{防护}$——森林防护价值，元/a；

S——林分面积，hm^2；

Q——由于森林植被增加的单位面积农作物产量，kg/（$hm^2 \cdot a$）；

C——农作物等价格，元/kg。

5.2.3.11 林木营养物质积累价值评估

根据林木生长—积累营养法计算积累营养物质量，营养物质积累功能的价值量评估同保育土壤功能的价值量评估，采用影子价格法，即按市场化肥的平均价格对林木 N、P、K 的含量进行折算，得到的间接经济效益。故营养物质积累功能的价值量评估公式为

$$V_{营养}=S \times B_{年} \times (N_{营养} \times C_1/R_1+P_{营养} \times C_1/R_2+K_{营养} \times C_2/R_3) \tag{5-16}$$

式中：$V_{营养}$——林分年营养物质积累价值，元/a；

S——林分面积，hm^2；

$B_{年}$——林分生产力，t/（$hm^2 \cdot a$）；

$N_{营养}$——林木含氮量，%；

C_1——磷酸二胺化肥价格，元/t；

R_1——磷酸二胺化肥含氮量，%；

$P_{营养}$——林木含磷量，%；

R_2——磷酸二胺化肥含氮量，%；

$K_{营养}$——林木含钾量，%；

C_2——氯化钾化肥价格，元/t；

R_3——氯化钾化肥含氮量，%。

5.2.3.12 生物多样性保护价值评估

生物多样性是衡量一个地区生物资源丰富程度的一个客观指标。在各类生态系统中，森林拥有最高的生物多样性，是世界生物多样性的分布中心，但有关森林生物多样性保护价值评估一直是一个难点和热点。目前有关生物多样性保护价值评估的方法主要有物种保护基准价法、支付意愿调查法、收益资本化法、费用效益分析法等，以上方法评估结果受人为主观因素影响大，结果存在很大的偏差（王兵等，2008）。本章采用《森林生态系统服务功能评估规范》推荐的方法，森林年保护物种资源价值按 Shannon-Wiener 指数方法计算（表 5-6），其计算公式为

$$V_{生物}=P_{生}\times S \tag{5-17}$$

式中：$V_{生物}$——森林年保护生物多样性价值，元/a；

$P_{生}$——单位面积森林年保护物种资源价值，元/（$hm^2 \cdot a$）；

S——森林面积，hm^2。

表 5-6 Shannon-Wiener 指数（E）划分

序号	指数等级	单位面积森林保护物种资源价值/[元/（$hm^2 \cdot a$）]
1	$E<1$	3 000
2	$1 \leq E<2$	5000
3	$2 \leq E<3$	10 000
4	$3 \leq E<4$	20 000
5	$4 \leq E<5$	30 000
6	$5 \leq E<6$	40 000
7	$E \geq 6$	50 000

5.2.3.13 文化服务功能价值评估

森林的文化服务功能可以满足人们日常生活的游憩娱乐、文化教育、科学普及等精神生活的需要。本章主要评估科研与教育、休闲旅游价值评价两个方面。

（1）科研与教育价值评估

森林作为陆地生态系统的主体，具有重要的科研与教育价值。以森林为研究对象促进了林学、生态学、环境科学等多个学科发展，但目前关于森林的科研与教育价值评估的方法主要以Costanza等学者对全球生态系统的科研文化价值的平均值作为森林的单位面积科研价值，也有以我国单位面积生态系统的平均科研价值和Costanza等学者对全球生态系统的单位面积科研文化价值二者的平均值作为森林植被的科研价值（吴玲玲等，2003；张治军等，2010）。森林科研与教育价值的评估公式为

$$V_{科研与教育}=P\times S \tag{5-18}$$

式中：$V_{科研与教育}$——森林年科研与教育价值，元/a；

P——单位面积森林年科研与教育价值，元/（hm^2·a）；

S——森林面积，hm^2。

（2）森林游憩价值评估

森林游憩是森林生态系统十分突出的特点，本章采用专家咨询法来估算秦皇岛市森林年游憩总价值（详见本书第4章）。

5.2.4 森林资源资产存量价值评估方法

秦皇岛市森林资源资产的价值采用收益还原法进行计算（单胜道等，2003）。假设森林资源（林地和林木）处于永续利用状态，森林资源资产存量价值可用森林生态服务功能价值的现值按一定的贴现率折算成的永久值来表示。森林资源资产存量价值评估的基本公式为

$$P=a/r[1-1/(1+r)^n] \tag{5-19}$$

式中：P——森林资源资产存量价值，元；

a——森林生态服务价值的现值，元/a；

r——还原利率，%；

n——使用年期，a。

5.2.5 古树名木资源资产价值评估

为了突出古树名木资源资产的重要性和稀有性，古树名木资源资产单独计算。古树名木资源资产价值评估的计算公式为

$$V = \sum_{i=1}^{n} T_i \times P_i \tag{5-20}$$

式中：V——古树名木总价值值，元；

T_i——第 i 种古树名木的株数，株；

P_i——第 i 种古树名木价格，元/株。

5.3 结果与分析

5.3.1 生态服务功能价值评估分析

5.3.1.1 林产品价值分析

（1）活立木年生产量及价值分析

本章评估包括针叶林、阔叶林、针阔混交林、阔叶混交林、散生木、四旁树、林地、未成林地和城市绿地等林分年蓄积量和价值量。单位面积蓄积生长量取值采用专家咨询法和文献参考法，结合秦皇岛地区的实际情况进行取值，油松取值为 1.3 m^3/（hm^2·a），柞树（*Quercus mongolica Fischer*）取值为 1.2 m^3/（hm^2·a）（高东启，2014），其他林分单位面积平均蓄积生长量在二者基础上进行修订（表 5-7）。木材的价格参照当地市场价格，针叶林取值为 1 200 元/m^3，阔叶林取值为 600 元/m^3，其他林分价格在二者基础上进行调整。

表 5-7 2015 年林分蓄积量及价值量

林分类型	面积/ hm^2	单位面积蓄积生长量/ [m^3/（hm^2·a）]	年生长量/ （m^3·a）	木材价格/ （元/m^3）	年木材价值量/ （万元/a）
针叶林	56 356	1.3	73 262.8	1 200	8 791.54
阔叶林	166 386	1.5	249 579	600	14 974.74
针阔混交林	1 776	1.4	2 486.4	900	223.78
阔叶混交林	304	1.6	486.4	600	29.18
散生木	1 579.41	1.2	1 895.292	600	113.72
林带	1 849	2	14 218.46	600	853.11
疏林地	2 813	1.2	3 698	600	221.88
未成林地	22 430	1.1	3 375.6	300	202.54
四旁树	7 109.23	2	24 673	600	740.19
城市绿地	5 103.57	0.8	4 082.856	400	163.31

根据式（5-1）计算得出，2015 年林分年总蓄积量为 377 757.81 m^3，年总价值量为 26 313.98 万元。假设木材价格和单位面积蓄积生长量不变，2005 年林分年蓄积量为 377 800.03 m^3，年价值量为 28 013.32 万元。

（2）林副产品生产量及价值分析

根据秦皇岛市地域特色，林副产品主要评估经济林水果产量及价值量。以秦皇岛市统计年鉴为依据，统计秦皇岛市各区县主要林副产品产量（表 5-8）。水果价格参照当地水果的市场价格，重点调查了秦皇岛市海阳农副产品批发市场、广缘超市、家惠超市 3 家单位，最终确定秦皇岛市经济林水果的多年平均价格为 5.3 元/kg。

表 5-8 各区县水果产量

单位：t

区县 / 年份	青龙满族自治县	卢龙县	昌黎县	抚宁区	海港区	山海关区	北戴河区	北戴河新区	秦皇岛开发区
2015	260 009	194 831	213 437	170 011	41 073	34 518	2 887	959	9 161
2010	174 000	182 605	195 090	186 908	4 736	15 102	2 014	—	—
2005	67 010	150 595	149 433	157 545	7 240	11 523	5 706	—	—

根据式（5-1）计算得出，2015 年水果总产量为 926 886 t，价值量为 491 249.58 万元；2010 年，水果总产量为 760 455 t，价值量为 403 041.15 万元；2005 年，水果总产量为 549 052 t，价值量为 290 997.56 万元。

5.3.1.2 固碳释氧价值评估

（1）固碳价值评估

森林单位面积净生产力和土壤年固碳率取值采用文献参考法，针叶林单位面积净生产力取值为 4.62 t/（hm^2·a）；阔叶林单位面积净生产力取值 3.92 t/（hm^2·a）（曹云生等，2012）；针叶林和阔叶林土壤年固碳率取值分别为 0.8 t/（hm^2·a）和 1.17 t/（hm^2·a），（李国伟等，2015），其他林分取值结合秦皇岛地区的实际情况进行修正取值，具体见表 5-9。根据计算得到的年固碳量，转换为 CO_2 的量。根据国际上通用的碳汇交易价格，瑞典碳税率为 150 美元/t，多年美元兑换人民币平均值为 1 050 元。

表 5-9 2015 年林分固碳量及价值量

林分类型	面积/hm^2	单位面积森林净生产力/[t/（hm^2·a）]	土壤年固碳率/[t/（hm^2·a）]	年固碳量/（t/a）	固定 CO_2 价值量/（万元/a）
针叶林	56 356	4.62	0.8	160 828.75	61 919.07
阔叶林	166 386	3.92	1.17	480 413.07	186 578.27
针阔混交林	1 776	4.27	0.99	5 129.46	1 974.84
阔叶混交林	304	5.00	1.27	6 105.29	408.79
散生木	1 579.41	3.00	1.00	3 685.77	1 419.02
林带	1 849	5.00	1.27	6 458.05	2 486.35
疏林地	2 813	3.00	1.00	6 564.52	2 527.34
未成林地	22 430	2.50	1.00	47 357.89	18 232.79
四旁树	7 109.23	5.00	1.00	22 911.11	8 820.78
灌木林	42 894	1.1	0.50	44 329.00	16 332.53
经济林	98 163	1.50	1.00	163 619.87	62 993.65
城市绿地	5 103.57	2.00	0.30	6 068.61	2 336.41

根据式（5-3），计算得出 2015 年林分年固定 CO_2 的总量为 3 485 998.54 t，年固定 CO_2 的总价值量为 366 029.85 万元；2005 年林分年固定 CO_2 的总量为 3 392 723.57 t，年固定 CO_2 的总价值量为 356 235.97 万元。

（2）释氧价值评估

秦皇岛市场医用氧气多年平均价格为 1 000 元/t，根据式（5-4）计算得出，2015 年林分年释放 O_2 的总量为 1 476 051.94 t，年释放 O_2 的总价值量为 147 605.19 万元；2005 年林分年释放 O_2 的总量为 1 467 175.09 t，年释放 O_2 的总价值量为 146 717.51 万元。

表 5-10 2015 年林分释放氧气量及价值量

林分类型	面积/hm^2	单位面积森林净生产力/[t/（hm^2·a）]	年释放氧气量/（t/a）	释放氧气价值量/（万元/a）
针叶林	56 356	4.62	309 834.02	30 983.40
阔叶林	166 386	3.92	769 421.44	76 942.14
针阔混交林	1 776	4.27	9 024.39	902.44
阔叶混交林	304	5.00	10 400.60	1 040.06
散生木	1 579.41	3.00	5 638.49	563.85
林带	1 849	5.00	11 001.55	1 100.16
疏林地	2 813	3.00	10 042.41	1 004.24
未成林地	22 430	2.50	66 729.25	6 672.93
四旁树	7 109.23	5.00	42 299.92	4 229.99
灌木林	42 894	1.1	56 148.25	5 614.82
经济林	98 163	1.50	175 220.96	17 522.10
城市绿地	5 103.57	2.00	12 146.50	1 214.65

5.3.1.3 释放负氧离子价值评估

根据野外不同林分 3—10 月监测数据，秦皇岛市平均负离子浓度为 800～

5 800 个/cm^3，负离子寿命取值为 10 min，负离子生产费用取值为 8.15 元/10^{18} 个[根据电价和《森林生态系统服务功能评估规范》（LY/T 1721—2008）中价格推算]，林分高度取值根据野外测定，取其平均值，具体高度见表 5-11。

根据式（5-5）和式（5-6）计算得出，2015 年林分释放负离子的个数为 2.9×10^{24} 个，年释放负离子价值 1 830.94 万元；2005 年，林分释放负离子的个数为 3.0×10^{24}，年释放负离子 1 927.85 万元。

表 5-11 2015 年林分释放负离子量及价值量

林分类型	面积/hm^2	林分平均高度/m	负离子浓度/（个/cm^3）	年释放负离子个数/（10^{23} 个/a）	年释放负离子价值/（万元/a）
针叶林	56 356	7.5	3 500	7.78	525.06
阔叶林	166 386	7	3 000	18.37	1 197.40
针阔混交林	1 776	7	3 200	0.21	13.85
阔叶混交林	304	7	3 100	0.03	2.28
散生木	1 579.41	8	1 500	0.10	4.87
林带	1 849	10	1 500	0.15	7.13
疏林地	2 813	7	1 000	0.10	3.37
未成林地	22 430	3	2 000	0.71	40.35
四旁树	7 109.23	7	1 000	0.26	8.53
灌木林	42 894	1	700	0.16	1.84
经济林	98 163	2	700	0.65	7.57
城市绿地	5 103.57	4.5	2 500	0.30	18.69

5.3.1.4 吸收 SO_2、NO_x 价值评估

（1）吸收 SO_2 价值

目前，森林对 SO_2 的吸收能力多采用《中国生物多样性国情研究报告》中的数据，阔叶林对 SO_2 的吸收能力为 88.65 kg/（hm^2·a）；针叶林（松类、柏类、杉类）平均为 215.6 kg/（hm^2·a）；针阔混交林的吸收用针叶林和阔叶林二者的平均值为 152.13 kg/（hm^2·a）；灌木林为 18.91 kg/（hm^2·a）（张彪，2016）；其他林分吸收 SO_2 的能力在以上数据的基础上进行调整，具体见表 5-12。

根据《关于调整排污费收费标准等有关问题的通知》（冀发改价格〔2014〕1717号）中公布的数据，SO_2的治理费用为2.53元/kg。

表5-12 2015林分年吸收SO_2量及价值量

林分类型	面积/hm^2	林分吸收SO_2的能力/[kg/（hm^2·a）]	林分年吸收SO_2的量/（t/a）	林分年吸收SO_2的价值量/（万元/a）
针叶林	56 356	215.6	12 150.35	3 074.04
阔叶林	166 386	88.65	14 750.12	3 731.78
针阔混交林	1 776	152.13	270.18	68.36
阔叶混交林	304	88.65	26.95	6.82
散生木	1 579.41	40.00	63.18	15.98
林带	1 849	88.65	163.91	41.47
疏林地	2 813	40.00	112.52	28.47
未成林地	22 430	25.00	560.75	141.87
四旁树	7 109.23	40.00	284.37	71.95
灌木林	42 894	18.91	811.13	205.21
经济林	98 163	20.00	1 963.26	496.70
城市绿地	5 103.57	50.00	255.18	64.56

根据式（5-7）计算得出，2015年林分吸收SO_2的量为31 411.90 t，年吸收SO_2的价值量为7 947.21万元；2005年林分吸收SO_2的量为34 178.66 t，年吸收SO_2的价值量为8 647.20万元。

（2）吸收NO_x价值

许多研究表明，林地年吸收NO_x的平均能力约为0.38 t/（hm^2·a）（柳云龙等，2009；张绪良等，2011；肖滋民等，2011），其他林分吸收NO_x能力在该值的基础上进行调整，具体见表5-13。根据《关于调整排污费收费标准等有关问题的通知》（冀发改价格〔2014〕1717号）中公布的数据，NO_x的治理费用取值为2.53元/kg。

表5-13 2015林分年吸收NO_x量及价值量

林分类型	面积/hm^2	林分吸收NO_x的能力/[t/（hm^2·a）]	林分年吸收NO_x的量/（t/a）	林分年吸收NO_x的价值量/（万元/a）
针叶林	56 356	0.38	21 415.28	5 418.07
阔叶林	166 386	0.38	63 226.68	15 996.35

林分类型	面积/hm^2	林分吸收 NO_x 的能力/[t/（hm^2·a）]	林分年吸收 NO_x 的量/（t/a）	林分年吸收 NO_x 的价值量/（万元/a）
针阔混交林	1 776	0.38	674.88	170.74
阔叶混交林	304	0.38	115.52	29.23
散生木	1 579.41	0.15	236.91	59.94
林带	1 849	0.30	554.70	140.34
疏林地	2 813	0.15	421.95	106.75
未成林地	22 430	0.20	4 486.00	1 134.96
四旁树	7 109.23	0.15	1 066.38	269.80
灌木林	42 894	0.10	4 289.40	1 085.22
经济林	98 163	0.12	11 779.56	2 980.23
城市绿地	5 103.57	0.20	1 020.71	258.24

根据式（5-7）计算得出，2015 年林分吸收 NO_x 的量为 109 287.98 t，年吸收 NO_x 的价值量为 27 649.86 万元；2005 年林分吸收 NO_x 的量为 109 070.83 t，年吸收 NO_x 的价值量为 27 594.92 万元。

5.3.1.5 滞尘价值评估

相关研究表明：阔叶林的滞尘能力为 10.11 t/hm^2；针叶林的滞尘能力为 33.2 t/hm^2（高云峰，2005）；针阔混交林为 21.66 t/hm^2；灌木林为 4.46 t/hm^2（张彪，2016），其他林分滞尘能力在以上数据的基础上进行调整，具体见表 5-14。阻滞降尘的费用参考四部委联合发布的《排污费征收标准管理办法》（国家计委、财政部、国家环保总局、国家经贸委第 31 号令）（2003 年 7 月 1 号实施）中公布的数据，降尘的费用为 150 元/t，根据近 10 年降尘的市场价格，修正该值为 300 元/t。

表 5-14 2015 年林分滞尘量及价值量

林分类型	面积/hm^2	林分滞尘能力/[t/（hm^2·a）]	林分年滞尘量/（t/a）	林分年滞尘量价值量/（万元/a）
针叶林	56 356	33.2	1 871 019.20	56 130.58
阔叶林	166 386	10.11	1 682 162.46	50 464.87
针阔混交林	1 776	21.66	38 468.16	1 154.04
阔叶混交林	304	12.11	3 681.44	110.44

林分类型	面积/hm²	林分滞尘能力/[t/（hm²·a）]	林分年滞尘量/（t/a）	林分年滞尘量价值量/（万元/a）
散生木	1 579.41	8.32	13 140.69	394.22
林带	1 849	10.11	18 693.39	560.80
疏林地	2 813	8.32	2 3 404.16	702.12
未成林地	22 430	6.46	144 897.80	4 346.93
四旁树	7 109.23	8.32	59 148.79	1 774.46
灌木林	42 894	4.46	191 307.24	5 739.22
经济林	98 163	6.46	634 132.98	19 023.99
城市绿地	5 103.57	16.89	86 199.30	2 585.98

根据式（5-8）计算得出，2015 年林分滞尘量为 4 766 255.61 t，年滞尘价值为 142 987.67 万元；2005 年林分滞尘量为 5 141 390.72 t，年滞尘价值为 154 241.72 万元。

5.3.1.6 降低噪声价值评估

森林降低噪声主要评估道路两侧范围内森林植被，即交通沿线的绿化带、行道树、四旁树等部分，而离人类居民点较远的大山上的森林相距较远，影响危害较小，可忽略不计。公路和铁路通过村庄、市区时才会真正影响人类的生产和生活，把公路两侧的行道树看作 4 m 高的隔音墙，计算隔音墙的成本即作为行道树降低噪声的成本值。

根据野外实际测量，秦皇岛地区主要公路与村庄平均间隔距离大约为 1∶5，即道路绿化公里数为总通车里程的 1/5，研究时间段内道路通车里程见表 5-15。

表 5-15　2015 年林分降低噪声价值量

年份	道路通车里程/km	道路隔音长度/km	隔音墙面积/m²	隔音墙造价/（元/m²）	降低噪声价值/（万元/a）
2015	9 231	1 846.20	7 384 800	120	88 617.6
2010	8 595	1 759.00	7 036 000	120	84 432
2005	8 253	1 690.60	6 762 400	120	81 148.8

根据式(5-9)计算得出，2015 年秦皇岛市森林植被降低噪声的价值为 88 617.6 万元；2010 年为 84 432 万元；2005 年为 81 148.8 万元。各区县森林植被降低噪声价值按照一定比例分配到各区县，具体比例为青龙满族自治县、卢龙县、昌黎县、抚宁区、北戴河区、海港区、山海关区、北戴河新区、秦皇岛开发区分别为 15%、10%、15%、15%、15%、10%、5%、10%、5%。

5.3.1.7 杀灭细菌价值评估

目前我国对森林的杀菌价值评估，通常采用林木的蓄积量乘以造林成本价值的 20%来计算（中国生物多样性国情研究报告，1998；北京林业大学，2011）。本章取木材平均价格的 20%作为当前造林成本的均值来估算森林植被的杀菌价值。秦皇岛木材多年平均价格为 640 元/m^3，2015 年森林总的蓄积量为 5 310 581.49 m^3，2005 年森林总的蓄积量为 3 963 769.38 m^3，根据式（5-10），计算结果分别为 67 975.44 万元/a 和 50 736.25 万元/a。

5.3.1.8 涵养水源价值评估

（1）蓄水量及价值

秦皇岛地区多年平均降水量为 660 mm。研究表明，生态公益林下多年平均蒸发散率约为降水量的 50%，经济林下多年平均蒸发散率约为降水量的 65%，城市绿地平均蒸发散约为降水量的 70%，地表径流量约为降水量的 20%左右（靳芳等，2007），其他林地在以上数据的基础上进行调整（表 5-16）。根据《中国统计年鉴》及参考水利部门的数据，研究区水库平均库容成本为 7.61 元/m^3。

表 5-16 2015 年林分涵养水源量及价值

林分类型	面积/hm^2	林下多年平均蒸发散/%	林下多年平均径流量/%	涵养水源量/（万 m^3/a）	涵养水源价值/（万元/a）
针叶林	56 356	50	18	11 902.39	90 577.17
阔叶林	166 386	50	18	35 140.72	267 420.90
针阔混交林	1 776	50	18	375.09	2 854.44
阔叶混交林	304	50	18	64.20	488.60
散生木	1 579.41	65	25	104.24	793.27

林分类型	面积/ hm^2	林下多年平均蒸发散/%	林下多年平均径流量/%	涵养水源量/（万 m^3/a）	涵养水源价值/（万元/a）
林带	1 849	60	25	183.05	1 393.02
疏林地	2 813	65	30	92.83	706.43
未成林地	22 430	70	25	740.19	5 632.85
四旁树	7 109.23	70	25	234.60	1 785.34
灌木林	42 894	70	20	2 831.00	21 543.94
经济林	98 163	70	25	3 239.38	24 651.67
城市绿地	5 103.57	70	25	168.42	1 281.66

根据式（5-11）计算得出，2015 年涵养水源量为 55 076.12 万 m^3，涵养水源价值量为 419 129.30 万元；2005 年涵养水源量为 55 891.13 万 m^3，涵养水源价值量为 425 331.49 万元。

（2）净化水质量及价值

森林资源在蓄水的同时对水质起到净化作用。森林净化水质的单位价格可以用自来水公司净化水的单位成本费用来替代。秦皇岛市水的净化费用约为 1 元/m^3。

根据式（5-12）计算得出，2015 年净化水量为 55 076.12 万 m^3，净化水质价值量为 55 076.12 万元；2005 年净化水量为 55 891.13 万 m^3，净化水质价值量为 55 891.13 万元。

5.3.1.9 森林保育土壤价值评估

（1）固土价值评估

有关资料表明，燕山土石山区无林地土壤侵蚀模数取值为 29.76 t/(hm^2·a)（靳芳等，2007），其他无林地土壤侵蚀模数在以上数据的基础上进行调整。有林地土壤侵蚀模数参考已公开发表的学术论文，结合野外实地调查进行调整（表 5-17）。

每侵蚀 1 t 土壤所带来的经济损失为 90.30 元（张彪，2016），根据式（5-13）计算得出，2015 年森林植被固土量为 1 106.21 万 t，固土价值量为 99 890.32 万元；2005 年森林植被固土量为 1 072.44 万 t，固土价值量为 96 841.38 万元。

表 5-17 2015 年林分固土量及价值

森林类型	面积/ hm^2	无林地下土壤侵蚀模数/ [t/（hm^2·a）]	有林地下土壤侵蚀模数/ [t/（hm^2·a）]	固土量/（万 t/a）	固土价值/（万元/a）
针叶林	56 356	29.76	1	162.08	14 635.81
阔叶林	166 386	29.76	1	478.53	43 210.91
针阔混交林	1 776	29.76	1	5.11	461.23
阔叶混交林	304	29.76	1	0.87	78.95
散生木	1 579.41	29.76	1	4.54	410.18
林带	1 849	29.76	1	5.32	480.19
疏林地	2 813	29.76	1	8.09	730.54
未成林地	22 430	29.76	3	60.02	5 420.05
四旁树	7 109.23	4.21	1	2.28	206.07
灌木林	42 894	29.76	3	114.78	10 365.03
经济林	98 163	29.76	3	262.68	23 720.38
城市绿地	5 103.57	4.21	0.5	1.89	170.98

（2）保肥价值评估

土壤侵蚀使大量的土壤营养物质流失，森林植被通过树冠、地被植物和枯枝落叶不仅可以减少土壤的侵蚀，保护土壤中的 N、P、K 和土壤有机质的流失，同时还可以增加土壤中有机质含量。根据实验测定，秦皇岛地区土壤中平均养分含量为土壤速效 N 0.096 23‰，速效 P 0.006 7‰、速效 K 0.134 5‰、土壤有机质 3.3%。把土壤中年固定 N、P、K 和有机质折算成磷酸二铵、氯化钾化肥和有机肥的量，折算成纯氮、磷、钾化肥和有机肥的比例分别为 132∶14、132∶31、75∶39、100∶40。磷酸二铵、氯化钾多年平均市场价格分别为 2 600 元/t、2 100 元/t 和有机肥价格为 320 元/t。

根据式（5-14）计算得出，2015 年森林植被保肥量为 33.78 万 t，保肥价值量为 30 106.87 万元；2005 年森林植被保肥量为 32.75 万 t，保肥价值量为 29 187.92 万元。

5.3.1.10 森林防护价值评估

森林防护价值主要表现在农作物的产量增加。研究表明，森林植被可使小麦平均增产为 339 kg/hm^2，玉米为 265 kg/hm^2（周冰冰，2000）。本章取其平均值作为农作物的增产值，即 302 kg/hm^2；增产农作物多年平均价格取值为 1.8 元/kg。

2015 年农作物面积 316 260 hm^2，2005 年农作物面积 286 174.6 hm^2，假设全部耕地都受到森林植被的保护，根据式（5-15）计算得出，2015 年森林防护作用使农作物增产 9 551.05 万 t，增产价值量为 17 191.89 万元；2010 年森林防护作用使农作物增产 9 258.65 万 t，增产价值量为 16 665.58 万元；2005 年森林防护作用使农作物增产 8 642.47 万 t，增产价值量为 15 556.45 万元。

5.3.1.11 林木营养物质积累价值评估

森林植被在生长过程中不断地从土壤、大气和降水中吸收营养物质固定在自身体内，营养物质的主要成分以 N、P、K 等元素为主。根据野外调查和室内分析，林分全 N 的平均含量为 1.30%；林分全 P 的平均含量为 0.05%；林分全 K 的平均含量为 0.34%，林分的生产力见表 5-18。

表 5-18 2015 年林分积累营养物质量及价值量

林分类型	面积/hm^2	单位面积森林净生产力/[t/（hm^2·a）]	固 N 量/t	固 P 量/t	固 K 量/t	价值量/（万元/a）
针叶林	56 356	4.62	3 384.74	130.18	885.24	4 400.16
阔叶林	166 386	3.92	8 479.03	326.12	2 217.59	11 022.74
针阔混交林	1 776	4.27	98.59	3.79	25.78	128.16
阔叶混交林	304	5.00	19.76	0.76	5.17	25.69
散生木	1 579.41	3.00	61.60	2.37	16.11	80.08
林带	1 849	5.00	120.19	4.62	31.43	156.24
疏林地	2 813	3.00	109.71	4.22	28.69	142.62
未成林地	22 430	2.50	728.98	28.04	190.66	947.67
四旁树	7 109.23	5.00	462.10	17.77	120.86	600.73

林分类型	面积/hm^2	单位面积森林净生产力/[t/（hm^2·a）]	固 N 量/t	固 P 量/t	固 K 量/t	价值量/（万元/a）
灌木林	42 894	1.1	613.38	23.59	160.42	797.40
经济林	98 163	1.50	1 914.18	73.62	500.63	2 488.43
城市绿地	5 103.57	2.00	132.69	5.10	34.70	172.50

把林分年固定 N、P、K 和有机质折算成磷酸二铵、氯化钾化肥和有机肥的量，折算成纯氮、磷、钾化肥和有机肥的比例分别为 132∶14、132∶31、75∶39、100∶40。磷酸二铵、氯化钾多年平均市场价格分别为 2 600 元/t、2 100 元/t 和有机肥价格为 320 元/t。

根据式（5-15）计算得出，2015 年林分积累营养 N、P、K 分别为 16 124.94 t、620.19 t、4 217.29 t，价值量为 41 918.88 万元；2005 年林分积累营养 N、P、K 分别为 16 027.96 t、616.46 t、4 191.93 t，价值量为 41 666.78 万元。

5.3.1.12 生物多样性保护价值评估

秦皇岛市主要林分类型为油松林、柞树林、山杨林、人工杨林等林分。根据王兵等（2008）划分的中国森林物种多样性保育价值评估划分的 Shannon-Wiener 指数等级值，秦皇岛森林物种多样性保育 Shannon-Wiener 指数处于Ⅴ（$2 \leqslant E < 3$）和Ⅵ（$1 \leqslant E < 2$）两个级别，在本章中进行适当调整，具体见表 5-19。

表 5-19 2015 年林分生物多样性保护价值

林分类型	面积/hm^2	Shannon-Wiener 指数	单位面积森林保护物种资源价值/[元/（hm^2·a）]	生物多样性保护价值/（万元/a）
针叶林	56 356	$2 \leqslant E < 3$	10 000	56 356.00
阔叶林	166 386	$2 \leqslant E < 3$	10 000	166 386.00
针阔混交林	1 776	$2 \leqslant E < 3$	10 000	1 776.00
阔叶混交林	304	$2 \leqslant E < 3$	10 000	304.00
散生木	1 579.41	$E < 1$	3 000	473.82

林分类型	面积/hm^2	Shannon-Wiener 指数	单位面积森林保护物种资源价值/[元/（hm^2·a）]	生物多样性保护价值/（万元/a）
林带	1 849	$E<1$	3 000	554.70
疏林地	2 813	$E<1$	3 000	843.90
未成林地	22 430	$E<1$	3 000	6 729.00
四旁树	7 109.23	$E<1$	3 000	2 132.77
灌木林	42 894	$E<1$	3 000	12 868.20
经济林	98 163	$E<1$	3 000	29 448.90
城市绿地	5 103.57	$E<1$	3 000	1 531.07

根据式（5-16）计算得出，2015 年林分生物多样性保护价值为 279 404.36 万元；2005 年林分生物多样性保护价值为 280 577.48 万元。

5.3.1.13 文化服务功能价值评估

（1）科研与教育价值评估

我国单位面积生态系统的平均科研价值 382 元/（hm^2·a）和 Costanza 等对全球生态系统的科研文化价值 861 美元/（hm^2·a），取二者的平均值 3 204.5 元/（hm^2·a）作为秦皇岛地区森林植被的科研与教育价值（丁小迪等，2015）。

根据式（5-17）计算得出，2015 年林分科研与教育价值为 123 025.53 万元；2005 年林分科研与教育价值为 124 051.40 万元。

（2）森林游憩价值评估

由于森林的游憩价值与海洋、湿地和农田的游憩价值息息相关，很难划清界限。采用专家咨询法，把各年旅游总收入按 4∶4.5∶1∶0.5 的比例分配到海洋、森林、湿地和农田四大生态系统中（详见本书第 4 章）。各区县森林游憩价值同样按照一定的比例分配到各区县，具体比例为青龙满族自治县、卢龙县、昌黎县、抚宁区、北戴河区、海港区、山海关区、北戴河新区、秦皇岛开发区分别为 20%、1.8%、2.6%、3%、1.8%、30%、20%、20%、0.08%。

计算结果得出，2015 年森林游憩价值为 1 630 800 万元，2010 年为 663 210 万元，2005 年为 311 085 万元。

表 5-20 森林游憩价值 单位：万元

年份	四大生态系统休闲旅游总收入	森林休闲旅游价值
2015	3 624 000	1 630 800
2010	1 473 800	663 210
2005	691 300	311 085

5.3.2 森林生态服务功能总价值分析

综合供给服务、调节服务、支持服务和文化服务服务，共 23 项功能量指标（表 5-21 和表 5-22），2015 年森林生态服务功能总价值为 407.21 亿元，2010 年森林生态服务功能总价值为 312.72 亿元，2005 年森林生态服务功能总价值为 277.48 亿元。（由于缺少 2010 年森林植被面积和蓄积量数据，2010 年森林生态服务功能价值，按照 2005 年和 2015 年的生态服务功能价值增长率推算。）在所评估的林分中，针叶林中的油松、阔叶林中的柞树是秦皇岛市生态服务功能的主要树种。

表 5-21 秦皇岛市森林生态服务功能价值量汇总 单位：万元/a

评价项目	评价指标	功能量指标	2015 年价值	2010 年价值	2005 年价值
供给功能	林木产品	木材	26 313.98	27 163.65	28 013.32
	林副产品	林果	491 249.58	403 041.15	290 997.56
调节功能	固碳释氧	固定 CO_2	366 029.85	361 132.91	356 235.97
		释放氧气	147 605.19	147 161.35	146 717.51
	净化空气	释放负离子	1 830.94	1 879.40	1 927.85
		吸收 SO_2	7 947.21	8 297.21	8 647.20
		吸收 NO_x	27 649.86	151 799.53	275 949.20

评价项目	评价指标	功能量指标	2015 年价值	2010 年价值	2005 年价值
调节功能	净化空气	滞尘	142 987.67	148 614.70	154 241.72
		降低噪声	88 617.6	84 432	81 148.8
		杀菌	67 975.44	59 355.85	50 736.25
	涵养水源	调节水量	419 129.29	422 230.39	425 331.49
		净化水质	55 076.12	55 483.63	55 891.13
	防风固沙	固土	99 890.32	98 365.85	96 841.38
		保肥	30 106.87	29 647.40	29 187.92
		防风	17 191.89	16 374.17	15 556.45
支持功能	林木营养物质积累	N、P、K	41 918.88	41 792.83	41 666.78
	保护生物多样性	物种保护	279 404.36	279 990.92	280 577.48
文化服务功能	科研与教育价值	科研与教育	130 347.27	127 199.34	124 051.40
	休闲价值	景观与美学、旅游	1 630 800	663 210	311 085
	合计		4 072 072.32	3 127 172.28	2 774 804.41

表 5-22　秦皇岛市森林生态服务功能价值量汇总　　单位：亿元

年份	供给功能	调节功能	支持功能	文化服务功能	合计
2015	51.76	147.20	32.13	176.11.	407.21
2010	43.02	158.48	32.18	79.04.	312.72
2005	31.90	169.84	32.22	43.51.	277.48

从表 5-21 和表 5-22 中可知，2005—2015 年，森林生态服务功能总价值呈增加趋势，增加了 46.75%，其中供给功能价值、文化服务功能价值表现为增加趋势，尤其是文化服务功能大幅度提升，增加了 304.73%；而调节功能价值和支持功能价值表现为下降趋势，其中调节服务功能价值下降比较明显，下降了 13.33%。造成这种现象的主要表现在两个方面：一方面是随着经济的发展，环境的变化，人们渴望自然、回归自然的需求越来越高，秦皇岛市的森林资源为人们回归自然、森林游憩提供了便利条件，文化服务功能将随着经济的发展，生态文明意识的提升而逐年增加。同时秦皇岛也是我国重要的教学、科研实践基地，在科研与教育方面发挥着重要的功能价值。另一方面是林地面积虽然有所增加，但发挥主要生

态服务功能的林分面积，如针叶林面积减少了27.96%，而落叶林仅增加了6.19%，所以造成了调节服务功能价值和支持功能价值呈下降趋势。

与同期秦皇岛市GDP相比，2015年森林生态服务价值占秦皇岛市同期GDP（2015年GDP为1 250.44亿元）的32.56%，占河北省的1.37%（2015年河北省GDP为2.98万亿元），占全国的0.06%（2015年中国GDP为68.91万亿元）。

5.3.3 森林资源资产存量价值评估分析

5.3.3.1 森林资源资产存量价值

森林资源资产存量价值采用收益还原法进行计算，以森林生态服务总价值的现值按3%贴现率折算成无限期来表示，则式（5-19）变为

$$P=a/r \tag{5-21}$$

式中：P——森林资产存量价值，元；

r——还原利率，%；

a——森林生态服务价值的现值，元/a。

根据式(5-20)计算得出，秦皇岛市2015年森林资源资产存量价值为13 573.57亿元，2010年为10 423.91亿元，2005年为9 249.35亿元。

5.3.3.2 森林资源资产存量价值空间分布分析

从附图5-4可知，2015年秦皇岛市森林资源资产存量主要分布在北部中低山区。资产存量价值较大区域主要集中在都山林场、祖山林场、桃林口水库库区、山海关林场、海滨林场、碣石山、滦河沿岸等区域，资产价值相对比较高。

就单位面积平均森林资源资产存量价值的空间分布格局来看（附图5-5），单位面积上森林资源资产存量价值比较高的主要分布在西南部昌黎县和卢龙县部分人工林区、海滨林场、联峰山、碣石山、山海关林场、滦河沿岸、祖山林场和都山林场等区域。

就各区县而言，2015年森林资源资产存量价值最大的是青龙满族自治县，占森林总资产的42.47%；其次是北戴河区，占森林总资产的12.85%；森林资源资

产最小区县是秦皇岛开发区，占 0.76%。各区县森林资源资产存量价值的大小顺序为：青龙满族自治县＞北戴河区＞山海关区＞北戴河新区＞抚宁区＞昌黎县＞卢龙县＞海港区＞秦皇岛开发区（表 5-23）。

表 5-23 2015 年秦皇岛市各区县森林资源资产存量价值

地区	区域面积/hm^2	森林资产存量价值/亿元	单位面积森林资源资产存量价值/（万元/hm^2）	占总资产的百分比/%
青龙满族自治县	351 000	5 764.77	164.24	42.47
卢龙县	96 100	782.20	81.39	5.76
昌黎县	96 974	803.15	82.82	5.92
抚宁区	95 112	1 102.60	115.93	8.12
海港区	70 019	751.79	107.37	5.54
北戴河区	12 220	1 744.04	1 427.20	12.85
北戴河新区	27 197	1 213.54	446.20	8.94
山海关区	18 578	1 308.17	704.15	9.64
秦皇岛开发区	12 800	103.32	80.72	0.76

单位面积森林资源资产存量价值最大区县是北戴河区，为 1 427.20 元/hm^2；其次是山海关区，为 704.15 元/hm^2；最小的是秦皇岛开发区，为 80.72 元/hm^2。各区县单位面积平均资源资产存量价值的大小顺序为北戴河区＞山海关区＞北戴河新区＞青龙满族自治县＞抚宁区＞海港区＞昌黎县＞卢龙县＞秦皇岛开发区。

5.3.3.3 森林资源资产存量价值动态变化分析

受自然因素和人类活动影响，森林资源资产存量也会随时间的变化而动态变化。总体来看，评估期间森林资源资产存量价值呈逐年增加趋势。2005—2015 年，森林资源资产存量价值增加了 4 324.22 亿元，年平均增长量为 432.42 亿元/a，年平均增长率为 4.68%。以 5 年为评估期限，2010—2015 年的年平均增长量明显高于 2005—2010 年的年平均增长量（表 5-24）。

表 5-24 秦皇岛市森林资源资产存量价值估算

年份	森林植被资源资产存量价值/亿元	年平均增长率/%	GDP/亿元	增长率/%
2015	13 573.57	6.04	1 250.44	6.88
2010	10 423.91	2.54	930.5	17.46
2005	9 249.35		496.79	

与同期 GDP 的增长量相比，2005—2015 年 GDP 增加了 753.65 亿元，年平均增长量为 75.37 亿元，年平均增长率为 6.44%。2005—2015 年，森林资源资产存量价值与 GDP 都显著增加，就年平均增长量和增长率相比而言，森林资源资产年平均增长量明显大于 GDP，而年平均增长率略小于 GDP，说明了森林资源资产存量价值的增长率赶不上 GDP 的增长率，尤其是 2005—2010 年，GDP 的年增长率明显高于森林植被资源资产存量价值的增长率，这一现象值得人们关注和深入研究。

5.3.4 古树名木资源资产价值评估分析

古树名木是中华民族悠久历史与文化的象征，是大自然和祖先留给我们的瑰宝，是进行科学研究的活标本。众多的古树名木蕴藏着丰富的政治、历史、人文资源，承载着人民群众的浓浓乡愁，具有极高的历史价值、社会价值、经济价值、科研价值、生态价值、观赏价值和科普价值，是弥足珍贵的“绿色文物”和“活化石”，是难以用价值衡量的。

古树是指树龄 100 年以上的树木，分为三级，树龄 500 年以上的树木为一级古树，树龄在 300～499 年的树木为二级古树；树龄在 100～299 年的树木为三级古树（古树名木鉴定规范，2016）。

名木是指珍贵、稀有、具有历史、科学、文化价值以及有重要纪念意义的树木，不分级别。

由于古树名木价值量核算目前没有统一标准，造成对其评估有一定的困难和不确定性。各省（自治区、直辖市）的古树名木保护管理办法或条例中无赔偿标准，只有相应的损害处罚标准，并且处罚标准基本上在 3 万～5 万元，相对较低，没有体现出古树名木的真正价值所在。

2015 年 5 月 1 日起施行的《山东省森林资源条例》第五十六条规定：

违反本条例规定，砍伐或者擅自迁移古树名木的，由县级以上人民政府林业或者城市绿化主管部门责令停止违法行为，没收违法砍伐的古树名木和违法所得，赔偿损失，并按下列规定处罚：

（1）砍伐或者擅自迁移名木和一级保护古树的，每株处十万元以上三十万元以下罚款；（2）砍伐或者擅自迁移二级保护古树的，每株处五万元以上十万元以下罚款；（3）砍伐或者擅自迁移三级保护古树的，每株处三万元以上五万元以下罚款。

本章参照《山东省森林资源条例》第五十六条规定对秦皇岛市古树名木进行定价估算（表 5-25）。

表 5-25　古树名木价格估算

类型	一级保护古树	二级保护古树	三级保护古树	名木
价格/（万元/株）	30	10	5	30

根据式（5-20）计算得出，秦皇岛市古树名木总价值为 3.45 亿元（表 5-26），其中一级古树价值为 12 210 万元，二级古树价值为 5 050 万元，三级古树价值为 6 455 万元，名木价值为 8 280 万元。古树名木主要分布在青龙满族自治县，占总价值的 46.16%；其次是北戴河区，占总价值的 21.72%；再次是抚宁区，占总价值的 20.98%。

表 5-26　秦皇岛市各区县古树名木资源资产价值

地区	一级保护树木/株	二级保护树木/株	三级保护树木/株	名木树木/株	一级保护树木价值/万元	二级保护树木价值/万元	三级保护树木价值/万元	名木树木价值/万元	合计/万元
青龙满族自治县	317	346	349	6	9 510	3 460	1 745	180	15 913
卢龙县	12	5	16	4	360	50	80	120	647
昌黎县	8	4	13	14	240	40	65	420	804

地区	一级保护树木/株	二级保护树木/株	三级保护树木/株	名木树木/株	一级保护树木价值/万元	二级保护树木价值/万元	三级保护树木价值/万元	名木树木价值/万元	合计/万元
抚宁区	58	110	678	5	1 740	1 100	3 390	150	7 231
海港区	2	1	4	10	60	10	20	300	407
北戴河区	4	35	223	182	120	350	1 115	5 460	7 489
北戴河新区	0	0	0	0	0	0	0	0	0
山海关区	6	4	8	55	180	40	40	1 650	1 983
秦皇岛开发区	0	0	0	0	0	0	0	0	0
合计	407	505	1 291	276	12 210	5 050	6 455	8 280	34 474

注：古树名木数据由秦皇岛市林业局提供，2007 年普查数据。

5.4 秦皇岛市森林资源资产利用与保护对策

5.4.1 利用对策

5.4.1.1 依托森林生态优势，推动绿色发展

秦皇岛市森林资源丰富，山水生态良好，生态底子逐年厚实，是展示秦皇岛对外形象的一个“金字招牌”和“生态名片”。2005 年，森林覆盖率为 40.4%，2015 年为 45%，2018 年为 54%，居河北省第二名。要按照“绿水青山就是金山银山”的绿色发展理念和生态立市的战略目标，依托森林生态优势，推动全市经济转型升级和绿色发展，增加人民生态福利和生态获得感。

5.4.1.2 依托森林生态优势，搭建生态融资平台

紧紧抓住河北省生态融资平台建设的重大机遇和政策，积极推动社会资本投资生态建设。2015 年秦皇岛市森林吸收 CO_2 348.6 万 t、SO_2 3.14 万 t、NO_x 10.93 万 t，涵养水源量 5.51 亿 m^3，总生态服务流量价值为 407.21 亿元/a，具有巨大的吸引民间资本投资的动力。要紧紧围绕碳汇林、水源涵养林、森林公园、国家储

备林建设等重点工程项目，鼓励和引导银行、民间资本参与林业生态建设，实施一批林业生态建设 PPP 项目试点。

5.4.1.3 依托森林生态优势，打造森林康养旅游度假区

秦皇岛市森林植被景观类型多样，再加上区位优势较好，具备发展森林康养旅游的优势条件。2015 年全市森林休闲旅游服务价值约 163.08 亿元，占同期 GDP 的 13.04%，发展森林旅游的潜力较大，具有广阔的发展前景。通过重点开发碣石山森林公园、联峰山森林公园、野生动物园、五佛山森林公园和祖山森林公园建设，打造以旅游、休闲、医疗、度假、娱乐、教育、科普、运动、探险、养生、养老等健康服务新理念的生态旅游产品。同时把祖山、都山、碣石山纳入国家公园体系建设，争创国家公园，进一步提升森林康养旅游度假区的景观质量和旅游空间。

5.4.2 保护对策

5.4.2.1 依法保护林地，严守林业生态保护红线

林业是秦皇岛市生态文明建设的重要载体和根基。秦皇岛市部分生态公益林地处城市边缘，随着秦皇岛市城市化进程的加快，林地转变建设用地的现象时有发生，保护秦皇岛市林地面积不减少显得十分重要。要依据国家现有林地方面的法律、法规和条例，结合实际情况，制定切实可行的秦皇岛市林地保护制度，建立林地保护的长效机制，防止占用林地、破坏林地的行为，确保林地面积不减少，林分质量不下降。任何单位和个人不得擅自占用林地，在林地占用上，可征占的尽量不征占，必须征占的要做到征一补二，杜绝不合理的改变林地性质的行为。同时尽快规划并实施秦皇岛市林地红线保护范围及相对应措施，积极开展森林可持续经营，严守林地和森林红线。

5.4.2.2 建立健全林业生态保护补偿机制

秦皇岛市森林植被主要分布在北部中低山和丘陵地带，北部中低山和丘陵地带面积约占全市总面积的 81%，这些区域也是全市重要的水源涵养地，同时这些

区域也是秦皇岛市贫困人口比较集中的区域。根据生态服务功能价值评估，2015年北部中低山和丘陵地带水源涵养量占全市森林植被水源涵养量的80%，森林固碳占全市森林植被固碳总量的72%，北部中低山区为秦皇岛市经济发展、生态保护和建设做出了重要贡献。“绿水青山就是金山银山”，应根据生态服务功能价值评估结果，结合本地实际情况，尽快制定《秦皇岛市生态补偿机制办法》，平衡收入差距，该成果可以作为秦皇岛市生态文明建设的重大成果。同时应发挥市场功能，将政府补偿、市场补偿、社会补偿等有机结合起来，调动全社会参与生态建设的积极性，构建开放的森林生态补偿体系。

5.4.2.3 加快林业互联网建设

随着信息技术的发展，借助互联网等新一代信息技术，积极推进秦皇岛市林业互联网建设。林业互联网建设对提升林业管理水平、优化林业资源配置、提高产业经营水平、促进生态文化传播和提高人员素质、推动科技进步等具有关键作用。全面加强各种传感设备、无人遥感飞机在林业资源监管、火险探测、林产品运输等方面的应用，为动态监测和有效管理林业资源提供支撑；充分利用物联网和大数据等技术，实现林产品、生态服务等产品动态监管与信息发布；结合大数据等技术，建立林业有害生物、野生动物疫病疫源监测防控体系，有效预防控制病虫灾害和野生动物疫病疫源传播。

5.4.2.4 加强森林病虫害防治和森林防火工作

森林病虫害和森林火灾对森林资源都是毁灭性的破坏，直接影响森林的生态服务功能的正常发挥。森林病虫害和森林火灾在秦皇岛地区时有发生，应科学预测、预报森林病虫害，做到早发现、早防治、早控制；在春、秋、冬森林防火季节，认真梳理排查安全隐患，认真做好火情监测与处置工作，层层落实责任。

5.4.2.5 弘扬森林文化，建设生态文明

森林是生态文明建设的重要载体，也是弘扬、培育生态文化哲学的根基。弘扬生态文化，要培育崇尚人与自然和谐的文化，树立热爱自然、尊重自然、顺应自然、保护自然的生态文明理念。通过森林文化建设，普及生态文化知识，让市

民了解森林服务功能，享受更多绿色福祉和生态获得感，在全市形成一种保护森林、爱护森林、善待森林的氛围。重点开展森林生态文明示范区建设、古树名木保护、“植树日”“爱鸟日”“森林文化节”等项目和活动，营造生态文明建设氛围，提高全社会生态文明意识。

参考文献

[1] Millennium Ecosystem Assessment. Ecosystems and human well-being：synthesis[M]. Washington，DC：Island Press，2005.

[2] 北京林业大学. 江西省森林生态系统综合效益评估研究报告[R]，2011.

[3] 曹云生，李福双，鲁绍伟，等. 内蒙古东部山地森林主要树种的生物量及生产力研究[J]. 内蒙古农业大学学报（自然科学版），2012，33（3）：52-57.

[4] 成克武，崔国发，王建中，等. 北京喇叭沟门林区森林生物多样性经济价值评价[J]. 北京林业大学学报，2000，22（4）：66-71.

[5] 高东启. 北京市蒙古栎、油松林分生长预估模型研究[D]. 北京：北京林业大学，2014.

[6] 高云峰，江文涛. 北京市山区森林资源价值评价[J]. 中国农村经济，2005（7）：19-29.

[7] LY/T 2737—2016. 古树名木鉴定规范[S].

[8] 靳芳，鲁绍伟，余新晓，等. 中国森林生态系统服务功能及其价值评价[M]. 北京：中国林业出版社，2007.

[9] 李国伟，赵伟，魏亚伟，等. 天然林资源保护工程对长白山林区森林生态系统服务功能的影响[J]. 生态学报，2015，35（4）：984-992.

[10] 柳云龙，朱建青，施振香，等. 上海城市绿地净化服务功能及其价值评估[J]. 中国人口·资源与环境，2009，19（5）：28-32.

[11] 肖滋民，王立华，郝亮，等. 潍坊市城市绿地生态系统环境净化服务价值研究[J]. 湖北农业科学，2011，50（19）：3929-3933.

[12] 山东省人民代表大会常务委员会. 山东省森林资源条例[Z]，2015.

[13] 单胜道，尤建新. 收益还原法及其在林地价格评估中的应用[J]. 同济大学学报（自然科学版），2003，31（11）：71-73.

[14] LY/T 1721—2008，森林生态系统服务功能评估规范[S].

[15] 宋磊.泰山森林生物多样性价值评估[D].泰安：山东农业大学，2004.

[16] 王兵，郑秋红，郭浩. 基于 Shannon-Wiener 指数的中国森林物种多样性保育价值评估方法[J]. 林业科学研究，2008，21（2）：268-274.

[17] 王伯民，彭芳检，欧阳翠凤，等. 江西省武功山袁河流域森林净化环境价值评估[J]. 华东森林经理，2015（2）：36-39.

[18] 王玉龙. 山西古树名木保护地方标准解读[J]. 山西林业，2016（2）：12-14.

[19] 吴玲玲，陆健健，童春富，等. 长江口湿地生态系统服务功能价值的评估[J]. 长江流域资源与环境，2003，12（5）：411-416.

[20] 张彪. 北京市绿色空间及其生态系统服务[M]. 北京：中国环境出版社，2016.

[21] 张绪良，徐宗军，张朝晖，等. 青岛市城市绿地生态系统的环境净化服务价值[J]. 生态学报，2011，31（9）：2576-2584.

[22] 张治军，唐芳林，朱丽艳，等. 轿子山自然保护区森林生态系统服务功能价值评估[J]. 中国农学通报，2010，26（11）：107-112.

[23] 周冰冰. 北京市森林资源价值[M]. 北京：中国林业出版社，2000.

6 湿地生态服务功能及资源资产价值评估

6.1 秦皇岛市湿地资源

《国际湿地公约》中湿地的定义是指："天然的或人工的或暂时的沼泽地、泥炭地及水域地带，带有静止或流动的淡水、半咸水及咸水水体，包含低潮时水深不超过 6 m 的海域（本章节中仅考虑内陆湿地，沿海滩涂湿地包含在海洋生态系统中）"。秦皇岛市内陆湿地生态系统类型多样，主要有水库水面、河流水面、湖泊水面、坑塘水面、沟渠、沼泽、芦苇地和内陆滩涂湿地等（附图 3-5）。

2005 年、2010 年和 2015 年秦皇岛市内陆湿地总面积分别为 39 506.66 hm^2、33 005.39 hm^2 和 32 512.45 hm^2，各年份湿地面积及空间分布情况见表 6-1～表 6-4。总体来看，秦皇岛市内陆湿地面积呈递减趋势，尤其 2005—2010 年全市内陆湿地面积缩减面积达 6 501.3 hm^2，平均每年递减率为 19.70%，表明经济发展、城市建设对内陆湿地影响较大。就 2015 年各湿地面积组成来看，河流水面积最大为 13 622.91 hm^2，占湿地总面积的 41.90%；坑塘水面积为 6 295.28 hm^2，占湿地总面积的 19.36%；内陆滩涂面积为 5 080.73 hm^2，占湿地总面积的 15.63%，沟渠和湖泊面积相对较小。

表 6-1 秦皇岛市不同时期内陆湿地面积 单位：hm^2

年份	河流水面积	湖泊水面积	水库水面积	坑塘水面积	内陆滩涂面积	沼泽地面积	芦苇地面积	沟渠面积	总面积
2015	13 622.91	328.89	4 284.62	6 295.28	5 080.73	—	—	2 900.02	32 512.45
2010	13 747.67	328.90	4 284.04	6 538.17	5 175.57	—	—	2 931.04	33 005.39
2005	15 028.41	—	4 869.03	6 155.71	4 608.9	26.99	145.97	8 671.5	39 506.66

从湿地资源空间分布来看（图 6-1），内陆湿地空间分布差别较大，主要分布在青龙满族自治县和昌黎县，分别占湿地总面积的 29.1%和 26.6%；其次是抚宁区，占湿地总面积的 20.31%；其他区县的湿地面积较小，秦皇岛开发区的湿地面积最小，仅占湿地总面积的 0.38%。总体来说，秦皇岛市内陆湿地主要分布在北部山地丘陵和西南平原地区。

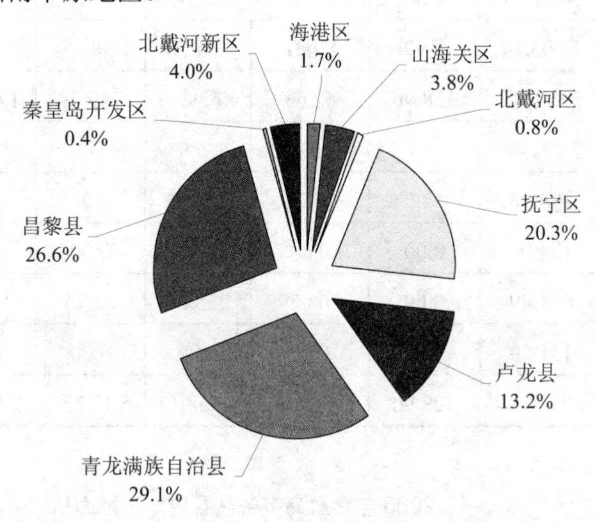

图 6-1 2015 年秦皇岛市各区县湿地面积占比

表 6-2 2015 年秦皇岛市各区县内陆湿地面积 单位：hm^2

地区	河流水面积	湖泊水面积	水库水面积	坑塘水面积	内陆滩涂面积	沟渠面积	合计
青龙满族自治县	5 236.56	0.00	2 153.93	26.76	2 009.48	37.94	9 464.67
卢龙县	1 880.31	0.00	89.81	633.31	1 381.41	303.60	4 288.44
昌黎县	1 638.33	328.89	62.41	4 486.83	310.75	1 815.23	8 642.44
抚宁区	2 931.53	0.00	1 651.60	555.31	893.49	572.91	6 604.84
海港区	291.50	0.00	18.57	248.10	0.00	8.98	567.15
北戴河区	132.30	0.00	0.00	108.20	0.00	29.39	269.89
北戴河新区	750.00	0.00	0.00	0.00	465.00	86.00	1 301.00
山海关区	637.40	0.00	308.30	236.77	20.60	45.97	1 249.04
秦皇岛开发区	124.98	0.00	0.00	0.00	0.00	0.00	124.98
合计	13 622.91	328.89	4 284.62	6 295.28	5 080.73	2 900.02	32 512.45

表 6-3 2010 年秦皇岛市各区县内陆湿地面积 单位：hm^2

地区	河流水面积	湖泊水面积	水库水面积	坑塘水面积	内陆滩涂面积	沟渠面积	合计
青龙满族自治县	5 250.11	0.00	2 153.93	26.76	2 064.43	38.05	9 533.28
卢龙县	1 903.14	0.00	89.81	634.56	1 384.58	306.13	4 318.22
昌黎县	2 143.41	328.90	62.63	4 659.33	749.79	1 907.09	9 851.15
抚宁区	3 221.44	0.00	1 651.62	576.91	954.01	591.44	6 995.42
海港区	299.48	0.00	17.76	269.15	0.00	10.17	596.56
北戴河区	134.01	0.00	0.00	116.20	0.00	31.00	281.21
山海关区	664.49	0.00	308.29	255.26	22.76	47.16	1 297.96
秦皇岛开发区	131.59	0.00	0.00	0.00	0.00	0.00	131.59
合计	13 747.67	328.90	4 284.04	6 538.17	5 175.57	2 931.04	33 005.39

表 6-4 2005 年秦皇岛市各区县内陆湿地面积 单位：hm^2

地区	河流水面积	水库水面积	坑塘水面积	内陆滩涂面积	沼泽地面积	芦苇地面积	沟渠面积	合计
青龙满族自治县	6 263.89	1 136.74	79.62	1 184.51	0.34	32.70	2 359.06	11 056.86
卢龙县	751.21	635.66	295.03	1 436.38	0.44	5.11	1 244.96	4 368.79
昌黎县	3 767.70	70.64	4 459.65	1 551.93	0.00	43.44	3 517.36	13 410.72
抚宁区	3 019.07	2 720.92	989.61	184.83	0.00	0.82	1 197.12	8 112.37
海港区	210.53	60.81	190.65	41.75	21.54	63.33	122.87	711.48
北戴河区	118.67	27.61	85.09	0.00	1.55	0.00	59.87	292.79
山海关区	733.92	216.66	56.05	209.58	3.11	0.58	170.33	1 390.23
秦皇岛开发区	163.42	0.00	0.00	0.00	0.00	0.00	0.00	163.42
合计	15 028.41	4 869.03	6 155.71	4 608.98	26.99	145.97	8 671.57	39 506.66

6.2 研究内容与方法

6.2.1 研究数据

本章基础数据主要有《秦皇岛统计年鉴 2006》《秦皇岛统计年鉴 2011》《秦皇岛统计年鉴 2016》；秦皇岛市旅游局、水务局、生态环境局等部门提供的数据资料；2005 年、2010 年、2015 年的秦皇岛市土地利用数据；部分数据采用标准样地调查、实验室分析以及公开发表的文献资料。

6.2.2 建立湿地生态服务功能价值评估指标体系

本章的湿地生态系统服务功能价值评估方法参照《千年生态系统评估》（MA）和原国家林业局颁布的《湿地生态系统服务评估规范》（LY/T 2899—2017），从支持服务、调节服务、供给服务和文化服务 4 个方面构建秦皇岛市湿地系统服务功能分类指标体系（表 6-5），共 9 项具体的评价指标，包括物质生产、供水功能、休闲旅游、教育科研、生物多样性、提供栖息地功能、净化水质、固碳释氧和涵养水源。

表 6-5　秦皇岛市湿地生态服务功能评价指标体系

服务类型	服务功能	功能指标	评价方法
供给服务	物质生产	淡水养殖产品	市场价值法
	供水功能	生活用水、工业用水、农业和生态环境用水	市场价值法
调节服务	水质净化	污染物降解	恢复费用法
	固碳释氧	固定 CO_2、释放氧气	碳税法、市场价值法
	涵养水源	蓄积淡水资源	影子工程法
支持服务	生物多样性维持	生物多样性	成果参照法
	栖息地功能	保护栖息地	市场价值法
文化服务	休闲旅游	景观与美学、旅游	专家咨询法
	教育科研	科研与教育	成果参照法

6.2.3 研究方法

6.2.3.1 物质生产价值评估

湿地生态系统自然资源内涵丰富，有较高的物质生产功能和水资源供给功能，对国民经济发展有重要作用。物质产品是生态系统提供的最直接的服务功能，湿地具有较高的生产能力，可提供众多的天然产品和农业产品，如水产品、粮食、水果、木材等。

根据研究数据的可获得性，本章只统计湿地生态系统水产品物质生产价值，即各种鱼类、虾类、蟹类。物质生产价值估算公式为

$$V_d = \sum Y_i P_i \tag{6-1}$$

式中：V_d——湿地淡水产品物质生产价值，元/a；

Y_i——第 i 种鱼类的产量，t；

P_i——第 i 种鱼类的价格，元/t。

6.2.3.2 供水价值评估

湿地是居民生活用水、工业生产用水和农业灌溉用水的重要水源地。供水价值可采用市场价格法，公式为

$$V_s = V_{工} + V_{农} + V_{生} = Q_{工} P_{工} + Q_{农} P_{农} + Q_{生} P_{生} \tag{6-2}$$

式中：V_s——湿地供水总价值，元/a；

$V_{工}$、$V_{农}$、$V_{生}$——湿地工业、农业和生活用水供水价值，元/a；

Q——供水量，m^3/a；

P——供水价格，元/m^3（曹新向，2008）。

6.2.3.3 净化水质价值评估

湿地对水体污染物具有明显的净化作用，当工农业生产和人类其他活动等过程中产生的农药、工业污染物、有毒物质进入湿地，湿地土壤、微生物和植物综合作用通过对污染物质的沉积、过滤、吸附、生物吸收、生化转变等过程使有毒

物质降解和转化。

采用恢复费用法估算湿地生态系统净化水质价值，恢复费用法是指当生态系统遭到破坏，要恢复这些生态系统需要付出一定的代价，因此可以利用恢复生态系统的费用来替代生态系统提供的服务功能大小（蒋菊生，2001）。本章根据进入湿地生态系统期间水质的变化情况，人工恢复等质污水水量的花费，估算湿地生态系统水质净化价值的大小。

$$V_j = Q \times r \times K_{成本} \tag{6-3}$$

式中：V_j——净化水质功能价值，元/a；

Q——进入湿地生态系统的总水量，m^3；

$K_{成本}$——污水处理成本，元/m^3；

r——湿地净化能力与污水处理厂净化能力的比值。

6.2.3.4 涵养水源价值评估

湿地具有巨大的蓄水能力和渗透能力，在降水时，能吸收和渗透降水，减少流入大海的无效水，增加地表有效水的蓄积，以供工农业利用和生活利用。

湿地生态系统具有蓄水和补水功能，在洪水期间可以积蓄大量的洪水，缓解洪峰造成的损失，同时储备大量的水资源可在干旱季节提供生活、生产用水。湿地涵养水源价值可通过涵养水源量，用影子工程法来计算，其计算公式为

$$V_a = S \times H \times 20\% \times P \tag{6-4}$$

式中：V_a——湿地涵养水源价值，元/a；

S——湿地面积，hm^2；

H——多年平均降水量，mm/a；

20%——多年平均径流系数；

P——水库蓄水成本，元/m^3（肖笃宁等，2005）。

6.2.3.5 固碳释氧价值评估

（1）湿地植物固碳释氧价值

湿地生态系统中通过植物的光合作用、生物泵、钙化作用等生理生态过程实

现对 CO_2 的吸收与贮存，同时释放 O_2，并通过食物链（网）进行有机物质循环和能量流动，起到稳定大气组分、减缓温室效应、控制全球变暖的作用。固碳释氧价值评估可以采用碳税法。

碳税法根据生态系统的生物学特性，植被具有吸收 CO_2 和释放 O_2 的能力，利用光合作用方程式，计算出单位干物质生产量所吸收的 CO_2 和释放 O_2 的量，并根据国际和国内对 CO_2 排放收费标准将生态指标换算成经济指标，得出固定 CO_2 的经济价值（李丽峰等，2013）。

例如湿地面积 37 104 hm^2，芦苇平均产量以 211.7 g/m^2 计算，根据光合作用方程[式(6-5)]，植物每生产 1 kg 干物质，能固定 1.63 kg CO_2，并向空气中释放 1.2 kg O_2，得出湿地年吸收 CO_2 量，根据 CO_2 造林成本和工业制氧成本计算出湿地植物固碳释氧的经济价值。

$$12H_2O + 6CO_2 \xrightarrow[\text{叶绿体}]{\text{光}} C_6H_{12}O_6\text{（葡萄糖）} + 6O_2 + 6H_2O \tag{6-5}$$

湿地植物年产量计算公式为

$$Y_{\text{植物总产量}} = S \times y \tag{6-6}$$

式中：Y——湿地植物年干物质产量，t；

S——湿地植物的面积，hm^2；

y——湿地植物的初级生产力，t/（$hm^2 \cdot a$）。

湿地植物年吸收 CO_2 量计算公式为

$$Q_C = 1.63 \times Y \tag{6-7}$$

式中：Q_C——植物年吸收 CO_2 的量，t；

Y——湿地植物年干物质产量，t。

湿地植物年吸收 CO_2 价值量计算公式为

$$V_C = Q_C \times P_C \tag{6-8}$$

式中：V_C——湿地植物年吸收 CO_2 的价值量，元/a；

Q_C——湿地植物年吸收 CO_2 的量，t；

P_C——CO_2 价格，元/t。

（2）释氧价值评估

植物通过光合作用吸收空气中的CO_2，利用太阳能生产碳水化合物，同时释放出氧气。植物的这一功能对于整个生物界及全球大气平衡，具有重要意义。

湿地植物年释放O_2量计算公式为

$$Q_O=1.2\times Y \tag{6-9}$$

式中：Q_O——植物年吸收O_2的量，t；

Y——湿地植物年干物质产量，t。

湿地植物年释放O_2价值量计算公式为

$$V_O=Q_O\times P_O \tag{6-10}$$

式中：V_O——湿地植物年释放O_2的价值量，元/a；

Q_O——湿地植物年释放O_2的量，t；

P_O——O_2价格，元/t。

（3）湿地土壤固碳价值

湿地土壤固碳价值计算同样可以采用碳税法。

湿地年土壤固碳价值量计算公式为

$$V_{tc}=S\times Y\times P_C \tag{6-11}$$

式中：V_{tc}——湿地年固碳价值量，元/a；

S——湿地植物的面积，hm^2；

P_C——CO_2价格，元/t；

Y——湿地土壤固碳率，kg/（$hm^2\cdot a$）。

6.2.3.6 湿地休闲旅游价值评估

湿地游憩价值采用专家咨询法来估算秦皇岛市湿地年游憩总价值（详见本书第4章）。

6.2.3.7 教育科研价值评估

湿地是一个集自然生态、生物多样性、湿地生态系统、生态科学研究、生态经济示范于一体的综合性湿地，是生物、地理、环境等学科研究的重要基地，具有重要的科研价值。湿地生态系统的生物多样性、类型、分布、结构和功能以及对其有效的保护和合理利用，为科学工作者提供了丰富的研究课题。

按照我国单位面积湿地生态系统的科研价值 382 元/hm^2 和 Costanza 对全球湿地生态系统科研功能价值 861 美元/hm^2 的平均值 2 831 元/hm^2 作为秦皇岛市湿地单位面积的科研价值（丁小迪等，2015）。

$$V_k = P \times S \tag{6-12}$$

式中：V_k——湿地科研与教育价值，元/a；

P——单位面积湿地科研与教育价值，元/hm^2；

S——湿地面积，hm^2。

6.2.3.8 生物多样性维持价值评估

在谢高地等和 Costanza 等提出的评价模型基础上，通过对国内生态学学者的问卷调查，提出中国陆地生态系统服务价值当量因子，其中湿地生态系统生物多样性服务价值的当量因子为 2.5（谢高地等，2003）。生态系统服务价值当量因子表示把 1 hm^2 湿地生态系统服务价值定义为 1，则其他生态系统生态服务价值当量因子是指生态系统产生该类生态服务相对于湿地生态系统食物生产服务贡献的大小。

结合当量因子对生态系统服务价值单价订正及价值计算后，得出湿地生态系统每年生物多样性保护的单位服务价值（2 212.2 元/hm^2）作为维持生物多样性功能评估系数。

$$V_d = 2\,212.2 \times S \tag{6-13}$$

式中：V_d——生物多样性功能价值，元/a；

S——湿地面积，hm^2。

6.2.3.9 提供物种栖息地价值评估

栖息地功能是指生态系统为野生动物提供栖息、繁衍、迁徙、越冬场所的功能（辛琨，2002）。本章运用发展阶段系数法，根据湿地自然保护区的实际投资（包括管理、科研、维护）和该地区人们对生态功能的认识水平（即发展阶段系数）

来估算重要物种栖息地的价值。

$$V_{w}=L\times H \quad (6\text{-}14)$$

式中：V_w——提供物种栖息地功能价值，元/a；

L——发展阶段系数；

H——湿地保护的实际投资，元/a。

发展阶段系数计算公式为

$$L=1/(1+e^{-t}) \quad (6\text{-}15)$$

式中：L——发展阶段系数；

e——自然对数的底；

t——时间，按照人民的生活水平通常划分为贫困、温饱、小康、富裕、极富5个阶段，它与恩格尔系数有个大致的对应关系［式（6-16)］。

$$t=1/E_n=(S/F)-3 \quad (6\text{-}16)$$

式中：E_n——恩格尔系数；

S——居民人均消费性支出，元/（人·a）；

F——居民食品消费支出，元/（人·a）。

将系数 L 与评估的栖息地功能价值量相乘，即可得到能为人们目前所能接受的价值量，也就是湿地生态系统每年的实际投资数额（陈鹏，2006）。

6.2.4 湿地资源资产存量价值评估方法

本章的湿地资源资产存量价值评估方法采用收益还原法（单胜道等，2003）进行计算，假设湿地资源处于永续利用状态，湿地资源资产存量价值可用湿地生态服务功能价值的现值按一定的贴现率折算成的永久值来表示。

$$P=a/r[1-1/(1+r)^{n}] \quad (6\text{-}17)$$

式中：P——湿地资源资产价值，元；

r——还原利率，%；

a——湿地生态服务功能价值，元/a；

n——使用年期，a。

6.3 结果与分析

6.3.1 生态服务功能及价值评估分析

6.3.1.1 物质生产价值分析

根据《秦皇岛统计年鉴 2006》《秦皇岛统计年鉴 2011》《秦皇岛统计年鉴 2016》，分别统计出秦皇岛淡水湿地生态系统人工捕捞和人工养殖的鱼类、蟹类、虾类等的生产量及其价值量，其中 2015 年湿地生态系统水产品总生产量和价值量分别为 7 044.00 t 和 10 882.00 万元（表 6-6）；2010 年总生产量和价值量分别为 6 552.00 t 和 7 442.00 万元；2005 年总生产量和价值量分别为 4 963.00 t 和 4 847.00 万元。

表 6-6 2015 年秦皇岛市内陆湿地水产品产量及价值量

地区	淡水水域捕捞/t			淡水水域养殖/t			价值/万元
	鱼类	虾蟹类	其他	鱼类	虾蟹类	其他	
青龙满族自治县	380.00	120.00	—	900.00	—	100.00	2 467.00
卢龙县	22.00	—	—	1 977.00	6.00	—	2 908.00
昌黎县	7.00	—	—	920.00	3.00	—	1 541.00
抚宁区	650.00	120.00	—	1 060.00	—	—	2 784.00
海港区	46.00	—	—	314.00	—	—	626.00
北戴河区	—	—	—	47.00	—	—	79.00
北戴河新区	—	—	—	270.00	—	—	320.00
山海关区	35.00	—	—	58.00	9	—	157.00
秦皇岛开发区	—	—	—	—	—	—	—
总计	1 140.00	240.00	—	5 546.00	18.00	100.00	10 882.00

注：“—”代表无数据。

6.3.1.2 供水价值分析

秦皇岛市湿地生态系统主要提供居民生活、农业灌溉、公共服务及工业生产用水。

根据秦皇岛市水务局统计数据，2015 年秦皇岛市年地表水供水总量为 31 218.12 万 m^3，其中农业灌溉用水量 17 624.25 万 m^3，工业生产用水量 5 649.46 万 m^3，居民生活供水 4 088.78 万 m^3，生态用水和公共服务用水没有市场价格，无法计算价值，不计入在供水功能价值中。查阅参考文献农业灌溉用水价格为 0.75 元/m^3，秦皇岛市工业生产用水价格为 6.24 元/m^3，居民生活用水价格为 3.60 元/m^3，根据式（6-2）计算得出，秦皇岛市供水功能总价值为 72 261.38 万元（表 6-7）。根据 2005 年和 2010 年数据计算得出，供水功能价值分别为 79 656.36 万元和 81 558.57 万元。

表 6-7　2015 年秦皇岛市湿地供水功能价值

地区	地表水供水总量/万 m^3	生产经营/万 m^3	农业灌溉/万 m^3	居民生活/万 m^3	公共服务/万 m^3	生态与环境补水量/万 m^3	供水功能价值/万元
青龙满族自治县	2 220.00	425.00	1 460.00	205.00	95.00	35.00	4 827.00
卢龙县	7 300.00	—	7 000.00	—	—	300.00	5 250.00
昌黎县	2 910.00	—	2 910.00	—	—	—	2 182.50
抚宁区	6 465.00	360	5 396	—	—	709.00	6 293.40
海港区	7 333.80	3 090.3	—	2 287.00	1 956.50	—	34 560.07
北戴河区	1 427.22	56	—	721.86	394.36	255	4 367.83
北戴河新区	600.00	—	600.00	—	—	—	450.00
山海关区	1 383.53	581.81	258.25	469.62	73.85	—	5 780.67
秦皇岛开发区	1 578.57	1 136.35	—	405.30	—	36.92	8 549.90
总计	31 218.12	5 649.46	17 624.25	4 088.78	2 519.71	1 335.92	72 261.38

6.3.1.3 净化水质价值分析

根据秦皇岛市各区县生态环境局数据，2015 年秦皇岛市污水排放量 18 221.20 万 m^3，污水年处理总量 16 700.20 万 m^3，假设未经处理的市政污水排放进入地表水水域，且假设工业生产排放废水经过集中式治理设施全部达标排放，则湿地生态系统净化水量为 1 521.00 万 m^3。废水处理成本为 1.00 元/t，计算得到湿地生态系统净化水质价值 1 521.00 万元。根据 2005 年和 2010 年市政污水排放量和污水年处理总量得出湿地生态系统净化水质价值分别为 3 137.00 万元和 776.72 万元。

表 6-8 2015 年秦皇岛市湿地生态系统净化水质功能价值

地区	污水排放量/万 m^3	污水处理量/万 m^3	湿地净化量/万 m^3	废水处理成本/（元/t)	净化水质功能价值/万元
青龙满族自治县	531.00	516.00	15.00	1.00	15.00
卢龙县	301.00	293.00	8.00	1.00	8.00
昌黎县	4 143.00	3 591.00	552.00	1.00	552.00
抚宁区	1 163.00	1 163.00	—	1.00	—
海港区	8 300.00	7 400.00	900.00	1.00	900.00
北戴河区	1 531.00	1 531.00	—	1.00	—
北戴河新区	552.00	552.00	—	1.00	—
山海关区	1 150.20	1 104.20	46.00	1.00	46.00
秦皇岛开发区	1 102.00	1 102.00	—	1.00	—
总计	18 221.20	16 700.20	1 521.00	1.00	1 521.00

6.3.1.4 涵养水源功能价值分析

根据文献资料，水库蓄水成本为 7.61 元/t，利用式（6-4）计算得出，2015 年秦皇岛湿地生态系统涵养水源量和价值分别为 4 297.31 万 m^3 和 32 702.51 万元；2010 年湿地涵养水源量和价值量为 4 199.58 万 m^3 和 31 958.80 万元；2005 年湿地涵养水源量和价值量为 5 020.99 万 m^3 和 38 209.77 万元。

表 6-9　2015 年秦皇岛市湿地生态系统涵养水源价值

地区	湿地面积/hm^2	水库蓄水成本/（元/t）	多年平均降水量/mm	涵养水源量/万 m^3	涵养水源价值/万元
青龙满族自治县	9 464.67	7.61	664.18	1 257.25	9 567.66
卢龙县	4 288.44	7.61	623.56	534.82	4 069.98
昌黎县	9 643.44	7.61	616.33	1 188.71	9 046.07
抚宁区	6 904.84	7.61	640.83	884.97	6 734.59
海港区	567.15	7.61	613.27	69.56	529.38
北戴河区	269.89	7.61	613.27	33.10	251.91
北戴河新区	1 301.00	7.61	616.33	160.37	1 220.41
山海关区	1 249.04	7.61	613.27	153.20	1 165.85
秦皇岛开发区	124.98	7.61	613.27	15.33	116.66
总计	32 512.45	—	—	4 297.31	32 702.51

6.3.1.5　固碳释氧功能价值分析

（1）植物固碳释氧功能

野外调查估算湿地植物覆盖率约为 25%，根据 2015 年秦皇岛市湿地总面积 32 512.45 hm^2，计算湿地植被面积 8 128.11 hm^2。湿地植物的初级生产量 211.7 g/m^2，2015 年湿地植物初级生产量 17 207.21 t。根据光合作用方程，计算出湿地植物固定 CO_2 总量 28 047.76 t，释放 O_2 总量 20 648.66 t，根据式（6-6）～式（6-10）计算得到，2015 年植物固碳释氧功能价值为 5 009.88 万元。2005 年和 2010 年植物固碳释氧功能价值分别为 6 087.63 万元和 5 085.84 万元。

（2）土壤年固碳价值

根据 2015 年秦皇岛市湿地面积 32 512.45 hm^2，利用式（6-11）计算出土壤固碳量为 113 793.57 t/a，CO_2 固碳价格为 1 050 元/t C，计算 2015 年湿地土壤年固碳功能价值为 11 948.33 万元。2005 年和 2010 年湿地土壤年固碳功能价值分别为 14 518.70 万元和 12 129.48 万元。

2005 年、2010 年和 2015 年湿地生态系统植物固碳释氧和土壤固碳总价值分别为 20 606.32 万元、17 215.32 万元和 16 958.21 万元。

表 6-10 2015 年湿地固碳释氧价值

地区	湿地面积/hm^2	植物固碳释氧价值/万元	土壤固碳价值/万元	固碳释氧总价值/万元
青龙满族自治县	9 464.67	1 458.42	3 478.27	4 936.69
卢龙县	4 288.44	660.81	1 576.00	2 236.81
昌黎县	8 642.44	1 331.72	3 176.10	4 507.82
抚宁区	6 604.84	1 017.75	2 427.28	3 445.03
海港区	567.15	87.39	208.43	295.82
北戴河区	269.89	41.59	99.18	140.77
北戴河新区	1 301.00	200.47	478.12	678.59
山海关区	1 249.04	192.47	459.02	651.49
秦皇岛开发区	124.98	19.26	45.93	65.19
总计	32 512.45	5 009.88	11 948.33	16 958.21

6.3.1.6 湿地休闲旅游价值分析

2015 年秦皇岛市共接待游客 3 372.50 万人次，旅游总收入 362.40 亿元，秦皇岛市与湿地生态系统相关的旅游景点及接待人次（表 6-11）。

表 6-11 2015 年湿地旅游景点及旅游人次

景区	接待人次/万人	门票收入/万元
燕塞湖	14.40	381.8
天马湖	2.00	4.50
板厂峪	4.30	62.70
桃林口景区	8.90	177.60
柳河北山	8.00	0.00
总计	37.60	626.6

秦皇岛地区湿地休闲旅游主要集中在沿海湿地以及各区县的水库湖泊等地区，由于湿地的休闲旅游价值与海洋、森林和农田的休闲价值息息相关，很难划清界限。采用专家咨询法，把旅游收入按 4∶4.5∶1∶0.5 的比例分配，分配到海洋、森林、湿地和农田四大生态系统中（详见本书第 4 章）。估算 2005 年、2010 年和 2015 年湿地休闲旅游功能总价值分别为 69 130.00 万元、147 380.00 万元和 362 400.00 万元，然后再按照面积比例分配到各区县（表 6-12）。

表 6-12 2015 年湿地休闲旅游价值

地区	湿地面积/hm^2	休闲旅游价值/万元
青龙满族自治县	9 464.67	105 497.94
卢龙县	4 288.44	47 801.09
昌黎县	8 642.44	96 332.95
抚宁区	6 604.84	73 620.84
海港区	567.15	6 321.74
北戴河区	269.89	3 008.33
北戴河新区	1 301.00	14 501.60
山海关区	1 249.04	13 922.42
秦皇岛开发区	124.98	1 393.09
总计	32 512.45	362 400.00

6.3.1.7 教育科研价值分析

2015 年，秦皇岛市湿地面积 32 512.45 hm^2，单位湿地面积科研价值 2 831 元/hm^2，计算得到秦皇岛市湿地教育科研价值为 9 204.27 万元。依据秦皇岛市各区县的湿地面积，得到各区县湿地生态系统的科研服务价值。2005 年和 2010 年湿地面积分别为 39 506.66 hm^2 和 33 005.39 hm^2，计算得到教育科研价值分别为 11 184.34 万元和 9 343.83 万元。

表 6-13　2015 年湿地生态系统教育科研价值

地区	湿地面积/hm^2	教育科研价值/万元
青龙满族自治县	9 464.67	2 679.45
卢龙县	4 288.44	1 214.06
昌黎县	8 642.44	2 446.67
抚宁区	6 604.84	1 869.83
海港区	567.15	160.56
北戴河区	269.89	76.41
北戴河新区	1 301.00	368.31
山海关区	1 249.04	353.60
秦皇岛开发区	124.98	35.38
总计	32 512.45	9 204.27

6.3.1.8　生物多样性维持价值分析

秦皇岛湿地面积 32 512.45 hm^2，利用式（6-13）经计算，得到湿地生态系统生物多样性功能价值为 7 197.77 万元。2005 年和 2010 年生物多样性价值分别为 8 739.66 万元和 7 301.45 万元。

表 6-14　2015 年湿地生态系统维持生物多样性价值

地区	湿地面积/hm^2	生物多样性价值/万元
青龙满族自治县	9 464.67	2 093.77
卢龙县	4 288.44	948.69
昌黎县	9 643.44	1 911.88
抚宁区	6 904.84	1 461.12
海港区	567.15	125.46
北戴河区	269.89	59.71
北戴河新区	1 301.00	287.81
山海关区	1 249.04	276.31
秦皇岛开发区	124.98	27.65
总计	32 512.45	7 192.40

6.3.1.9 提供物种栖息地价值分析

根据《秦皇岛统计年鉴 2016》，秦皇岛市居民人均消费支出 S=13 603.85 元/人，全市居民食品消费支出 F=3 328.60 元/人，由此估算出秦皇岛市发展阶段系数为 0.75，则秦皇岛市湿地生态系统栖息地价值为 37 505.63 万元。同样，通过查阅《秦皇岛统计年鉴 2006》《秦皇岛统计年鉴 2011》，估算出 2005 年和 2010 年这两个时期秦皇岛市湿地生态系统栖息地价值分别为 2 064.00 万元和 13 175.00 万元。

表 6-15 2015 年湿地生态系统栖息地价值

地区	发展阶段系数	湿地保护区投资/万元	栖息地功能价值/万元
青龙满族自治县	0.75	939	1 252.00
卢龙县	0.87	4 406	5 064.37
昌黎县	0.72	7 450	10 347.22
抚宁区	0.79	0	0.00
海港区	0.52	1 760	3 384.62
北戴河区	0.89	332.387	373.47
北戴河新区	0.75	0	0.00
山海关区	0.62	9 400	15 161.29
秦皇岛开发区	0.75	1 442	1 922.67
总计	0.75	25 729.39	37 505.63

6.3.2 秦皇岛市湿地生态服务功能实物量及变化分析

汇总各功能量指标，分析秦皇岛市湿地生态服务实物量变化情况见表 6-17。总体来看，2005—2015 年秦皇岛湿地调节服务呈下降的趋势，实物量存在负增长，而供给服务、支持功能和文化服务的实物量呈现增长趋势。其变化的主要原因有：

（1）由于气候变化、城市建设、沿海养殖和旅游产业的开发，自然湿地萎缩严重，秦皇岛市湿地面积 2005—2015 年减少 6 994.21 hm^2，河流水面减少 1 530.48 hm^2，造成湿地生态调节服务功能下降，实物量呈现负增长；

（2）文化服务价值中的景观旅游人数显著增加，近年来随着秦皇岛“旅游立市兴区”发展战略的全面推进，秦皇岛市各区县旅游接待服务功能日臻完善，吸引了越来越多的国内外游客。

表 6-16 秦皇岛市湿地年生态服务实物量表

评价项目	评价指标	功能量指标	2005 年	2010 年	2015 年	2005—2015 年变化量
供给服务	物质生产	淡水养殖产品/t	4 963.00	6 552.00	7 044.00	2 081.00
	供水功能	供水总量/万 m^3	30 169.08	28 133.80	31 218.12	1 049.04
调节服务	固碳释氧	固定 CO_2/t	34 081.51	28 473.01	28 047.76	–6 033.75
		释放 O_2/t	25 090.68	20 961.72	20 648.66	–4 442.02
	涵养水源	调节水量/万 m^3	5 020.99	4 199.58	4 297.31	–723.68
	净化水质	净化水量/万 t	3 137	776.72	1 521	–1 616
支持服务	栖息地功能	保护湿地投资/万元	1 032.00	6 851.00	25 729.39	24 697.39
	保护生物多样性	物种保护	—	—	—	—
文化服务	科研与教育	科研与教育	—	—	—	—
	旅游休闲	景观旅游人数/万人	1 302.30	1 884.70	3 372.50	2 070.20

6.3.3 秦皇岛市湿地生态服务功能价值汇总分析

汇总 2005 年、2010 年和 2015 年秦皇岛湿地生态系统供给服务、调节服务、支持服务和文化服务共计 9 项指标的价值，各服务价值情况见表 6-17。2005 年湿地生态服务功能总价值为 237 574.45 万元/a，2010 年为 316 151.67 万元/a，2015 年为 550 627.4 万元/a。

从表 6-17 可以看出，秦皇岛湿地生态系统服务功能总价值 2005—2015 年呈现逐年增加的趋势。2015 年湿地生态服务价值占秦皇岛地区同年 GDP（2015 年

GDP 为 1 250.44 亿元）的 4.40%。

从湿地单位面积价值来看，2005 年湿地单位面积生态服务功能价值为 6.01 万元/（$hm^2·a$），2010 年为 9.57 万元/（$hm^2·a$），2015 年为 16.28 万元/（$hm^2·a$）。

表 6-17 秦皇岛市内陆湿地生态服务功能价值量汇总表 单位：万元/（$hm^2·a$）

评价项目	评价指标	功能量指标	2005 年价值	2010 年价值	2015 年价值	2005—2015 年变化量
供给服务	物质生产	淡水养殖产品	4 847.00	7 442.00	10 882.00	6 035.00
	供水功能	供水总量	79 656.36	81 558.57	72 261.38	–7 394.98
调节服务	固碳释氧	固碳释氧	20 606.32	17 215.30	16 958.21	–3 648.11
	涵养水源	调节水量	38 209.77	31 958.80	32 702.51	–5 507.26
	净化水质	净化水量	3 137	776.72	1 521	–1 616
支持服务	栖息地功能	保护栖息地	2 064.00	13 175.00	37 505.63	35 441.63
	保护生物多样性	物种保护	8 739.66	7 301.45	7 192.40	–1 547.26
文化服务	科研与教育价值	科研与教育	11 184.34	9 343.83	9 204.27	–1 980.07
	休闲价值	景观与美学、旅游	69 130.00	147 380.00	362 400.00	293 270.00
合计			237 574.45	316 151.67	550 627.40	—

从每年各服务功能价值所占的比例来看（图 6-2），湿地生态系统的调节服务逐年降低，主要是因为湿地的面积逐年减少，影响到湿地的生态服务功能。因此，保护秦皇岛湿地生态系统，维持和增加湿地面积是有效提高湿地调节功能的主要途径。2005 年、2010 年和 2015 年的文化服务价值所占的比例增长明显，说明了湿地为人们提供了更多的休疗、旅游和健康养生等活动场所。

供给服务功能价值所占比例逐年下降，而支持服务功能价值逐年上升。支持服务功能价值主要包括维持物种多样性价值和提供栖息地价值，湿地生态系统作为鸟类等野生动物的栖息地，拥有丰富的动植物资源，在湿地生态系统服务功能中具有重要的地位。近年来，随着秦皇岛市对生态环境保护工作的重视，湿地保护投资大幅度提高，促进了湿地支持服务功能的增强。

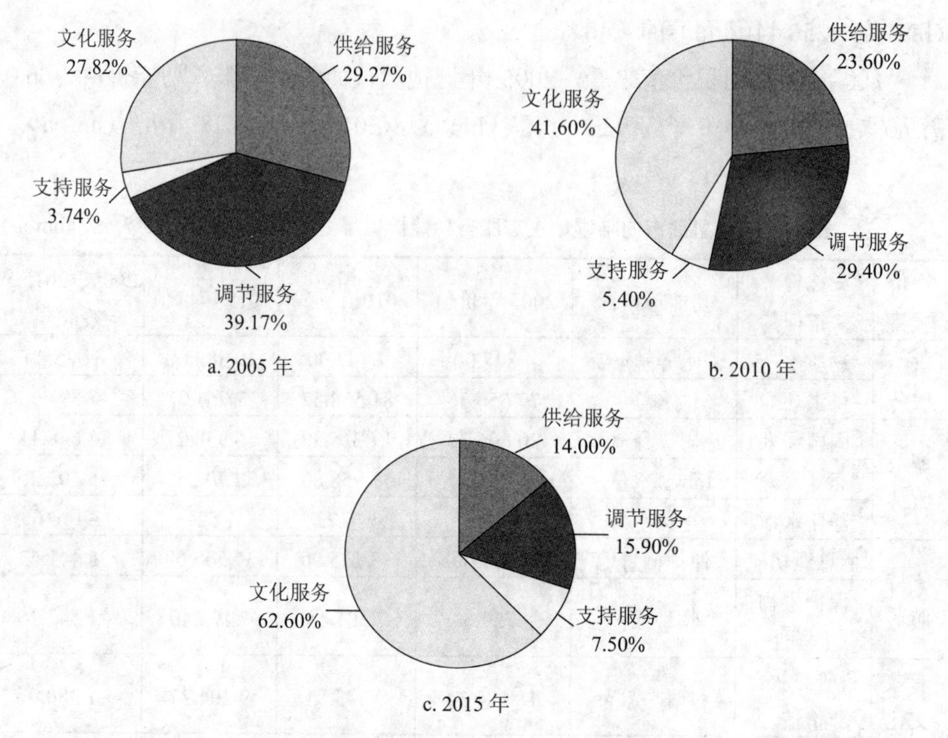

图 6-2　秦皇岛市内陆湿地生态服务功能价值比

6.3.4　秦皇岛市湿地资源资产存量价值评估分析

6.3.4.1　湿地资源资产存量价值

湿地资源资产存量价值采用收益还原法进行计算，以湿地生态服务总价值的现值按 3%贴现率折算成无限期来表示，则式（6-17）变为

$$P = a/r \tag{6-18}$$

式中：P——湿地资产存量价值，元；

r——还原利率，%；

a——湿地生态服务功能价值的现值，元/a。

假设湿地资源处于永久可以利用状况，湿地资源的总价值可用湿地的生态服务功能价值按3%的贴现率折算成的永久值来表示。根据式（6-18）计算得出，2015年秦皇岛市湿地资源资产存量价值为1 835.42亿元，2010年秦皇岛湿地资产存量价值为1 053.84亿元，2005年秦皇岛湿地资产价值为791.91亿元。

6.3.4.2 湿地资源资产存量价值空间分布分析

秦皇岛市湿地资源主要分布在滦河水系的青龙满族自治县河以及冀东沿海水系的洋河、石河、戴河、饮马河和流经市区的汤河、新开河。各区县2015年湿地生态资产价值大小顺序为青龙满族自治县＞昌黎县＞抚宁区＞卢龙县＞海港区＞山海关区＞北戴河新区＞秦皇岛开发区＞北戴河区。

各区县单位面积平均存量价值的大小顺序为秦皇岛开发区＞海港区＞北戴河区＞山海关区＞卢龙县＞昌黎县＞抚宁区＞青龙满族自治县＞北戴河新区。

表6-18 2015年秦皇岛市各区县湿地资源资产存量价值

地区	湿地面积/hm^2	湿地资产存量价值/亿元	单位面积湿地生态资产价值/（万元/hm^2）	湿地资产存量占比/%
青龙满族自治县	9 464.67	444.46	469.59	24.22
卢龙县	4 288.44	231.67	540.22	12.62
昌黎县	8 642.44	429.56	497.04	23.40
抚宁区	6 604.84	320.70	485.55	17.47
海港区	567.15	156.35	2 756.69	8.52
北戴河区	269.89	27.86	1 032.20	1.52
北戴河新区	1 301.00	59.42	456.74	3.24
山海关区	1 249.04	125.05	1 001.16	6.81
秦皇岛开发区	124.98	40.37	3 229.99	2.20

6.3.4.3 湿地资源资产存量价值动态变化分析

受自然因素和人类活动影响，湿地资源资产存量也会随时间的变化而动态变化。总体来看，评估期间湿地资源资产存量价值呈逐年增加趋势。2005—2015年，湿地资源资产存量价值增加了 1 043.51 亿元，年平均增长量为 104.35 亿元/a，年平均增长率为 13.18%。2010—2015 年的年平均增长量明显高于 2005—2010 年的年平均增长量。

与同期 GDP 的增长量相比，2005—2015 年，GDP 增加了 753.65 亿元，年平均增长量为 75.37 亿元/a，年平均增长率为 15.17%。2005—2015 年，湿地资源资产存量价值与 GDP 都显著增加，就年平均增长量和增长率相比，湿地资产年平均增长量明显大于 GDP，而年平均增长率略小于 GDP，说明了湿地资源资产存量价值的增长率赶不上 GDP 的增长率，尤其是 2005—2010 年，GDP 的年增长率明显高于湿地资源资产存量价值的增长率。湿地资源资产是 GDP 和社会发展的物质基础，在经济社会发展的同时，应重视现有湿地资源资产的保育与修复，确保经济社会的可持续发展。

表 6-19 秦皇岛市湿地资源资产存量价值估算

年份	湿地资源资产存量价值/亿元	年平均增长率/%	GDP/亿元	增长率/%
2015	1 835.42	14.83	1 250.44	6.88
2010	1 053.84	6.62	930.5	17.46
2005	791.91	—	496.79	—

6.4 秦皇岛地区内陆湿地的利用与保护对策

6.4.1 利用对策

秦皇岛市内陆湿地的开发利用要坚持“生态优先”原则，统筹开发利用与保护，坚持在保护的前提下，合理开发利用，在开发利用中严加保护，合理发挥其文化服务功能、调节功能、支持功能和供给功能，确保湿地的永续利用。

6.4.1.1 因地制宜开展湿地生态旅游

湿地是具有巨大生态、经济、文化、科学及娱乐价值的生态资源，蕴含丰富的自然科学与历史文化知识。近年来，我国多地依托湿地公园、湿地保护区、河流等湿地资源发展旅游业，湿地旅游日益成为人们休闲度假的重要方式之一。秦皇岛市内陆湿地丰富，入海河流有 17 条，目前已开发具有较好社会效益和生态效益的公园有汤河公园和戴河湿地公园等。在今后的开发利用中，应以《全国生态旅游发展规划（2016—2025）》《湿地保护修复制度方案》（国办发〔2016〕89 号）为指导，依托各湿地的自然风光，充分挖掘湿地的文化内涵，因地制宜配置人文景观及休闲设施，合理规划开发不同功能、不同模式、不同风格类型的湿地生态旅游，形成与海洋湿地旅游为一体的格局模式。

6.4.1.2 利用湿地资源构建秦皇岛海绵城市建设

秦皇岛是一座因海、因水而兴起的城市，湿地资源丰富，为构建海绵城市提供了丰富资源条件。湿地具有蓄水、净水、调节雨水径流的功能，是海绵城市建设可利用的重要设施之一。在湿地的建设和设计中，要充分结合雨洪管理，实现多目标层次的雨水控制利用，是湿地海绵化改造的重要措施。在原有湿地中，通过微地形改造或设置引水设置，在暴雨时节滞蓄过量雨水，减少流域汇水量。据数据统计，有湿地的河流洪峰高度比没有湿地的河流降低 60%作用。在特定的生产生活区域，可以结合地形空间特点，构建小型的人工湿地，调蓄地表径流。对于已退化或消失的湿地进行修复和重建，保持湿地原有的生态系统和功能。

6.4.1.3 合理利用湿地资源净化污水

滞留和降解污染物、净化水质是湿地的一个重要的生态服务功能。2015 年，秦皇岛市内陆滩涂地有 5 080.73 hm^2，可以利用河流支流的荒滩、荒地，在合适地点构建人工湿地生态系统，引城市生活污水或农村生活污水进入湿地系统。人工湿地生态系统净化废水效率高，可替代二级处理厂和深度处理设施，同时形成新的生态自然景观，扩大湿地面积，有利于地区生态环境保护与恢复。

6.4.2 保护对策

6.4.2.1 不断完善优化“河长制”工作机制

全面推行“河长制”，是中央站在民族存续、国家发展、民生福祉的高度，就加强河湖管理保护作出的一项重大决策部署。按照“一河一长、分级负责、属地管理、条块结合、全流域包干”的管理理念，2015 年 10 月以来，秦皇岛市建立健全“河长制”工作机制，全市共设立市级河长 34 名、县级河长 113 名、乡村级河长 1 463 名，全市每条河、每个河段、每米河道都有人管理、有人负责，形成了覆盖全市所有河流和全部流域的河道管理体系。“在‘河长制’的推动下，秦皇岛河流水质明显好转，河流生态环境明显改善”。2016 年，全市被考核的河流断面水质优良比例同比提高 30%，8 条主要河流水环境功能区达标率同比提升 13.8%，人造河地表水由劣Ⅴ类提升到Ⅴ类，石河、洋河地表水由Ⅳ类恢复到Ⅲ类。

在今后的河流湿地保护工作中，要不断完善优化“河长制”工作机制，真正实现“河长治，水长清”的工作目标。

6.4.2.2 认真搞好湿地保护总体规划与湿地公园总体规划编制

湿地保护既是一项长期而艰巨的任务，又是一项多效益、多学科、跨部门的综合性系统工程，需要统筹兼顾、全面规划、突出重点、合理布局。秦皇岛市湿地管理部门应以《全国湿地保护工程规划（2002—2030）》《全国湿地保护“十三五”实施规划》(2017)、《湿地保护管理规定》(2017 年 12 月 5 日国家林业局令　第 48 号修改）为指导，摸清现有湿地家底，科学评价，抓紧编制《秦皇岛市湿地保护总体规划》，并报人民政府批准实施。

湿地公园是我国湿地保护体系的重要组成部分，是抢救性保护湿地和扩大湿地面积的有效措施，是开展湿地保护与合理利用的有效方式。秦皇岛市应结合目前湿地资源的现状和本研究生态服务功能评估结果，以国家林业局办公室《关于进一步加强国家湿地公园建设管理的通知》（2014）和《湿地公园总体规划导则》（2018）为指导，抓紧编制《秦皇岛市湿地公园总体规划》，优先将功能区位重要、保护价值高或者受威胁严重的湿地纳入国家或地方湿地公园发展规划，不断推动秦皇岛市湿地保护体系升级。

6.4.2.3 加强执法监管力度

以《湿地保护管理规定》（2017）、《河北省湿地保护条例》（2017）等法律法规为依据，加大对秦皇岛市现有湿地的管理和处罚力度，对违法占用、开垦、填埋以及污染自然湿地的情况全面检查，依法制止和打击破坏湿地的违法行为。对已列入国家重要湿地名录，以及自然保护区、河流源头和上游区、泄洪区、水土流失重点防治区、国家重点保护野生动物栖息地内的自然湿地，严禁开发占用或随意改变用途。对随意开垦占用或改变湿地用途的，要责令其停止违法行为，并限期采取补救措施，恢复湿地的自然特性和生态特征。对已造成湿地生态环境严重破坏的单位和个人，要严格按照有关法律法规予以处罚。

6.4.2.4 建立完善地方性湿地保护的法律规范体系

目前，我国已初步形成以《湿地保护管理规定》为中心，以地方性法规和规章分区域地对湿地进行保护管理模式，但这些湿地保护管理立法还亟待改进和完善的地方。为了突出秦皇岛市湿地资源的地方特色和重要生态价值，建议尽快出台《秦皇岛市湿地保护条例》或《秦皇岛市湿地管理办法》等规范性文件，形成从上到下完整的法律规范体系，确保湿地保护依法可依。

6.4.2.5 广泛宣传湿地生态和法制教育

在政府机关、学校、企业及社会上要充分利用广播、电视、报刊、网络等媒体，通过发放资料、悬挂横幅、张贴标语、印发画册、设立宣传栏等形式，广泛深入宣传湿地生态功能和《湿地保护管理规定》《河北省湿地保护条例》等方面的相关知识，不断增强广大群众、领导干部、学生依法保护、依法管理、依法使用的意识，使保护湿地成为广大群众的自觉行动。

参考文献

[1] 曹新向. 城市湿地生态系统服务功能价值评价研究——以开封市湿地为例[J]. 安徽农业科学，2008，36（16）：6935-6938.

[2] 陈鹏. 厦门湿地生态系统服务功能价值评估[J]. 湿地科学，2006，4（2）：101-106.

[3] 储照源，赵静，尚辛亥. 秦皇岛沿海湿地现状与保护建议[J]. 河北林业科技，2006（5）：52-54.

[4] 崔丽娟. 扎龙湿地价值货币化评价[J]. 自然资源学报，2002，17（4）：451-456.

[5] 丁小迪，丁咚，李广雪. 山东省滨海湿地生态价值评估[J]. 中国海洋大学学报，2015，45（1）：71-75.

[6] 蒋菊生. 生态资产评估与可持续发展[J]. 热带生物学报，2001，7（3）：41-46.

[7] 李丽峰，惠淑荣，宋红丽，等. 盘锦双台河口湿地生态系统服务功能能值价值评价[J]. 中国环境科学，2013，33（8）：1454-1458.

[8] 孟丽静. 河北省典型湿地生态系统综合评价及其调控对策[D]. 石家庄：河北师范大学，2006.

[9] 欧阳志云，赵同谦，王效科，等. 水生态服务功能及其间接价值评价[J]. 应用生态学报，2004，24（4）：2091-2099.

[10] 秦皇岛市北戴河区地方志编纂委员会. 北戴河志[M]. 北京：方志出版社，2008.

[11] 单胜道，尤建新. 收益还原法及其在林地价格评估中的应用[J]. 同济大学学报（自然科学版），2003，31（11）：71-73.

[12] 肖笃宁，胡远满，李秀珍，等. 环渤海三角洲湿地的景观生态学研究[M]. 北京：科学出版社，2005.

[13] 谢高地，鲁春霞，冷允法，等. 青藏高原生态资产的价值评估[J]. 自然资源学报，2003，18（2）：189-196.

[14] 辛琨，肖笃宁. 盘锦地区湿地生态系统服务价值估算[J]. 生态学报，2002，22（8）：1345-1346.

[15] 薛达元，包浩生，李文华. 长白山自然保护区生物多样性旅游价值评估研究[J]. 自然资源学报，1999，14（2）：140-145.

[16] 山西省人民政府办公厅关于加强湿地保护管理工作的通知. http：//www.9ask.cn/fagui/

200509/355266_1.html.

[17] 唐博，龙江平，章伟艳，等. 中国区域滨海湿地固碳能力研究现状与提升[J]. 海洋通报，2014，33（5）：481-490.

[18] 王春泽，乔光建. 河北省沿海湿地现状评价与保护对策[J]. 南水北调与水利科技，2009，7（4）：46-49.

[19] 王昕，安凯军，单共萌，等. 农业灌溉水价成本分析与探讨[J]. 地下水，2014，36（3）：113-114.

[20] 张春来. 北戴河新区湿地生态景观规划策略[J]. 产业与科技论坛，2011，10（9）：44-45.

7 农田生态服务功能及资源资产价值评估

7.1 秦皇岛市农田资源

2015 年秦皇岛市主要农作物播种总面积为 220 179 hm^2，农作物中粮食作物播种面积为 148 331 hm^2，产量为 844 406 t，其中谷物播种面积为 119 524 hm^2，产量为 705 352 t；稻谷播种面积为 8 540 hm^2，产量为 61 426 t；玉米播种面积为 101 010 hm^2，产量为 600 142 t；豆类播种面积为 8 908 hm^2，产量为 22 998 t；薯类播种面积为 19 899 hm^2，产量为 580 278 t；油料播种面积为 18 324 hm^2，总产量为 59 846 t；蔬菜（含菜瓜类）播种面积为 48 564 hm^2，产量为 3 402 503 t；瓜果类播种面积为 1 073 hm^2，产量为 43 770 t。从农田资源空间分布来看（图 7-1），农田空间分布差别较大，主要分布在昌黎县，占农田面积的 33.5%；其次是卢龙县，占农田面积的 20.3%；面积最小的是秦皇岛开发区，占农田面积的 1.4%。总体来说，农田主要分布在洪积平原区。

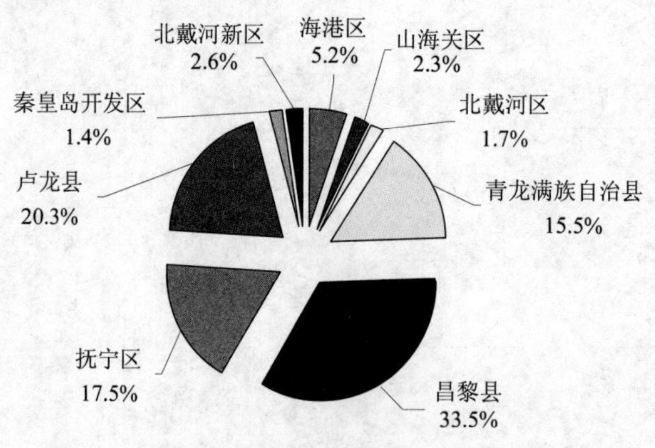

图 7-1 2015 年秦皇岛市各区县农田播种面积占比

7.2 研究内容与方法

7.2.1 研究数据

本章的基础数据主要有：①《秦皇岛统计年鉴 2006》《秦皇岛统计年鉴 2011》《秦皇岛统计年鉴 2016》；②秦皇岛市国民经济和社会发展统计资料（2005 年、2010 年、2015 年）；③ 秦皇岛市农业部门提供的数据资料；④ 秦皇岛市现代农业“十三五”发展规划；⑤ 实测数据主要包括，农田土壤侵蚀监测数据；农田土壤 N、P、K 和有机质含量测定数据；土壤含水率、质地等监测数据。本章中部分参数来自公开发表的文献资料。

7.2.2 建立生态系统服务功能价值评估指标体系

农田生态系统最主要的功能是提供农产品，同时，也提供一些其他的间接服务，如气候调节、气体调节、涵养水源、固土保肥等。农田生态系统服务功能评估包括物质量评估和价值量评估。本章参照千年生态系统评估（MA）提出的生态系统服务功能分类方法，并借鉴原国家林业局颁布的《森林生态系统服务功能评估规范》（LY/T 1721—2008），从供给功能、调节功能、支持功能和文化服务功能 4 个方面，构建秦皇岛市农田生态系统服务的分类指标体系，共 10 类服务功能 15 项功能评价指标（表 7-1）。

表 7-1 秦皇岛市农田生态系统服务评价指标体系

功能类型	服务功能	功能指标	评价方法
供给功能	食物生产	农产品	市场价值法
	花卉生产	花卉盆景	市场价值法
调节功能	固碳释氧	固定 CO_2	碳税法
		氧气生产	市场价值法
	净化大气	吸收 SO_2	影子工程法
		吸收 NO_x	影子工程法
		阻滞降尘	影子工程法

<table>
<tr><th>功能类型</th><th>服务功能</th><th colspan="2">功能指标</th><th>评价方法</th></tr>
<tr><td rowspan="3">调节功能</td><td>涵养水源</td><td colspan="2">涵养水源</td><td>影子工程法</td></tr>
<tr><td rowspan="2">废弃物处理</td><td colspan="2">农村人口排泄物</td><td>影子工程法</td></tr>
<tr><td colspan="2">畜禽排弃物</td><td>影子工程法</td></tr>
<tr><td rowspan="6">支持功能</td><td>秸秆还田</td><td colspan="2">还田增加土壤养分</td><td>影子工程法</td></tr>
<tr><td rowspan="5">土壤形成与保护</td><td colspan="2">固土</td><td>影子工程法</td></tr>
<tr><td rowspan="4">保肥</td><td>保持土壤 N 元素</td><td>市场价值法</td></tr>
<tr><td>保持土壤 P 元素</td><td>市场价值法</td></tr>
<tr><td>保持土壤 K 元素</td><td>市场价值法</td></tr>
<tr><td>保持土壤有机质</td><td>市场价值法</td></tr>
<tr><td rowspan="2">文化功能</td><td>休闲价值</td><td colspan="2">景观与美学、旅游</td><td>专家咨询法</td></tr>
<tr><td>科研与教育价值</td><td colspan="2">科研与教育</td><td>成果参照法</td></tr>
</table>

7.2.3 农田生态系统服务价值评估指标研究方法

本章主要先计算物质量，再计算价值量，对于部分无物质量的指标采用价值量计算。

7.2.3.1 农田生产价值评估

农田是一种半自然的人工生态系统，是人类生存与发展的基础，它提供给人类必需的生活和生产资料。农田生态系统的生产服务主要体现在农产品生产、花卉生产方面，属于直接利用价值，提供的直接服务产品受人类利益的驱动较强。

（1）农产品生产价值

本章以秦皇岛市农田中不同作物产量来分别估算其在食物生产方面的价值，研究的方法为市场价值法。根据当前农产品市场价格和相关资料，确定各作物单价，再用单位面积产量乘以种植面积再乘以作物单价计算农田农产品生产价值（张东等，2016），其中单位面积产量考虑农产品生产的季节性问题。

$$V_{农产品}=\sum S_i \times Q_i \times P_i \tag{7-1}$$

式中：$V_{农产品}$——农田生态系统农产品生产总价值，元；

S_i——第 i 类农产品的种植面积，hm^2；

Q_i——第 i 类农产品单位面积产量，kg/hm^2；

P_i——第 i 类农产品价格，元/kg。

（2）花卉生产价值

本章采用市场价值法来评估其价值。

$$V_{花卉}=\sum Q_i \times P_i \quad (7\text{-}2)$$

式中：$V_{花卉}$——花卉生产总价值，元；

Q_i——第 i 类花卉产品年产量，支/a 或盆/a；

P_i——第 i 类花卉产品价格，元/支或元/盆。

7.2.3.2 固碳释氧价值评估

农田生态系统作为生态系统的一种特殊类型，同样具有吸收 CO_2，同时释放出 O_2 的能力。农作物光合过程中吸收 CO_2 制造碳氢化合物，以有机物的形式将大气中的 CO_2 固定于作物体内，同时释放出 O_2（毛富玲等，2005）。

（1）固定二氧化碳

农田把大气中的 CO_2 以农产品生物量的形式固定在植物体和土壤中，这个过程称为“碳汇”。农田的碳汇功能可以在一定时期内减少大气中温室气体的积累。根据光合作用方程式，每生产 1 t 植物干物质可以吸收 1.62 t CO_2，释放出 1.2 t 氧气（白杨等，2010）。

$$H_j=\sum_{j=1}^{m} S_j \times Q_j(1-W_j)/f_j \quad (7\text{-}3)$$

固碳价值计算公式为

$$V_{固碳}=1.62\sum_{j=1}^{m} H_j \times P_C \quad (7\text{-}4)$$

式中：H_j 为第 j 类农产品或农副产品的干物质量，t；

S_j——第 j 类农产品或农副产品的种植面积，hm^2；

Q_j——第 j 类农产品或农副产品单位面积产量，t/hm^2；

W_j 为第 j 类农产品或农副产品含水率；

f_j 为第 j 类农产品或农副产品的经济系数；

$V_{固碳}$为固碳价值，元/a；

P_c为市场固碳的价格，元/t。

（2）氧气生产

释氧价值计算公式为

$$V_{释氧} = 1.2\sum_{j=1}^{m} H_j \times P_O \tag{7-5}$$

式中：$V_{释氧}$——释氧价值，元/a；

P_O——市场制造 O_2 价格，元/t；

其他参数同上。

7.2.3.3 净化大气价值评价

农田净化大气功能是指农田可以依靠自身特殊的结构和功能，通过吸收同化、吸附阻滞、阻隔等形式降低大气中有害物质（二氧化硫、氟化物、氮氧化物、粉尘）的含量，对农田周边大气起到净化作用（白杨等，2010）。

（1）吸收 SO_2、NO_x 有害气体的量及价值

目前对农田吸收 SO_2、NO_x 效益的计量方法主要为面积——吸收能力法：根据单位面积农田吸收 SO_2、NO_x 的平均值乘以农田面积计算出吸收 SO_2、NO_x 的量。计算公式为

$$G_{二氧化硫}（或 G_{氮氧化物}）= Q \times S \tag{7-6}$$

式中：$G_{二氧化硫}$（或 $G_{氮氧化物}$）——农田每年吸收 SO_2（或 NO_x）的量，t/a；

Q——单位面积农田吸收 SO_2（或 NO_x）的量，kg/（$hm^2 \cdot a$）；

S——农田面积，hm^2。

由农田作物每年吸收 $G_{二氧化硫}$（或 $G_{氮氧化物}$）的量分别乘以对应的处理成本，可以得到农田作物每年吸收 SO_2（或 NO_x）的价值。

$$V_{二氧化硫}或 V_{氮氧化物} = Q \times S \times P \tag{7-7}$$

式中：$V_{二氧化硫}$（或 $V_{氮氧化物}$）——农田每年吸收 SO_2（或 NO_x）的价值量，元；

Q——单位面积农田吸收 SO_2（或 NO_x）的量，kg/（hm^2·a）；

S——农田面积，hm^2；

P——治理 SO_2（或 NO_x）的费用，元/kg。

（2）滞尘量及价值

由于农田作物秆也可以阻挡气流和降低风速，使尘埃在大气中失去移动的动力而降落，这样尘埃较容易降落吸附，从而起到黏着、阻滞和过滤作用，所以农田具有一定的阻滞尘埃的功效。农田植被滞尘量公式为

$$G_{滞尘}=Q_{滞尘}\times S \tag{7-8}$$

式中：$G_{滞尘}$——滞尘量，t/a；

$Q_{滞尘}$——单位面积农田年滞尘量，kg/（hm^2·a）；

S——农田面积，hm^2。

$$V_{滞尘}=Q_{滞尘}\times S\times P \tag{7-9}$$

式中：$V_{滞尘}$——农田年滞尘量价值，元；

$Q_{滞尘}$——单位面积农田年滞尘量，kg/（hm^2·a）；

S——农田面积，hm^2；

P——降尘的清理费用，元/kg。

7.2.3.4 涵养水源功能价值评价

农田生态系统可通过农作物截留水和土壤持水来保持降雨过程中的一部分水分，从而减少径流，起到涵养水源的作用（李士美等，2014）。本章采用降水储存量法来计算农田涵养水源的潜力（卢小慧等，2006），即与裸地相比，农田保持水分的增加量。其价值采用替代成本法估算，即修建相应库容的水库成本来进行计算。涵养水源价值的公式为

$$V_{涵养水源}=Q_{W}\times C \tag{7-10}$$

$$Q_{W}=S\times R_{产流}\times J \tag{7-11}$$

$$R_{产流}=R\times K \tag{7-12}$$

$$J = J_o - J_g \tag{7-13}$$

式中：$V_{涵养水源}$——农田涵养水源价值量，元/a；

Q_W——与裸地相比，农田涵养水源的量，m^3；

C——水库平均库容成本，元/m^3；

S——农田面积，hm^2；

$R_{产流}$——计算区多年平均产流降雨量，mm；

J——与裸地比较，农田减少径流的效益系数；

R——秦皇岛市多年平均降水量，mm；

K——计算区产流降雨量占降雨总量的比例；

J_o——产流降雨条件下裸地降雨径流率；

J_g——产流降雨条件下农田降雨径流率（赵同谦等，2004）。

7.2.3.5 废弃物处理功能价值评价

中国传统农业的无废弃物生产模式和农户分散经营的土地利用方式，使农田生态系统担负了重要的环境净化功能（孙新章等，2007）。人畜粪便被作为有机肥料直接进入农田，一方面保持了农田的养分平衡；另一方面为减少这部分废弃物的处理节约了大量成本（白杨等，2010）。

畜禽粪便产生总量的估算，畜禽的年度粪便产生量计算公式为

$$Q = N \times T \times P \tag{7-14}$$

式中：Q——年度粪便产生量，t；

N——饲养量，头或只；

T——饲养期，d；

P——排泄系数。

研究区农田生态系统废弃物处理功能的价值计算式为

$$V_{废弃物处理} = (\sum Q_i + Q_p) \times C \tag{7-15}$$

式中：$V_{废弃物处理}$——废弃物降解总价值，元；

Q_i——不同畜禽的粪便量，t；

Q_p——农村人口排泄废弃物量，t；

C——人工降解废弃物所需的价格，采用替代成本法。

7.2.3.6 秸秆还田价值评价

农作物光合作用的产物有一半以上存在于秸秆中，秸秆富含有机质和氮、磷、钾、钙、镁、硫等多种养分，是一种具有多种用途的可再生生物资源（杨丽莎，2011）。本章通过分析秦皇岛市秸秆还田的数量，按照每 100 kg 鲜秸秆中含氮 0.48 kg、磷 0.38 kg、钾 1.67 kg 折算（白杨等，2010）为化肥的量后，来估算秸秆的价值。

由于秸秆产量没有列入统计数据之内，其产量可通过测算的方式得到。秸秆的产量与粮食作物的产量密切相关，可以通过粮食作物产量来测算秸秆产量，根据不同农作物的产量谷草比系数，利用统计年鉴上农作物产量的统计数据，测算出不同农作物的秸秆产量，再进行加和，得到秸秆的总产量。不同的农作物的果实和秸秆产量的比例是不同的，所以其谷草比系数也不一样，各谷草比系数参考毕于运（2010）文献及中国农村能源行业协会数据。

利用谷草比系数，确定测算公式为

$$Q = \sum_{k=1}^{n} Q_k \times a_k \tag{7-16}$$

式中：Q——秸秆的总产量，t；

Q_k——第 k 种农作物的产量，t；

α_k——第 k 种农作物的谷草比系数（毕于运等，2009）。

秸秆量计算完后，可根据归还率估算归还量，归还率参照文献（Lu，2009），最后折算成尿素、过磷酸钙、氯化钾等肥料。

7.2.3.7 土壤形成与保护价值评估

降雨时裸地输出的大量泥沙带走土壤中大量的 N、P、K 和有机质，造成土层变薄、土壤肥力降低以及河流和水库淤积。农田的存在起到了一定的土壤保持作用，减少了泥沙输出。从保持水土和保肥两个方面评价农田土壤保持的价值（白杨等，2010）。

（1）固土价值评估

固土物质量的计算公式为

$$Q_{固土}=\sum S_j \times (K_j - K_j) \quad (7\text{-}17)$$

式中：$Q_{固土}$——土壤保持总量，t；

S_j——第 j 类农作物面积，hm^2；

K_j——第 j 类农作物潜在土壤侵蚀模数，t/（$hm^2 \cdot a$）；

K_j——第 j 类农作物的现实土壤侵蚀模数，t/（$hm^2 \cdot a$）。

固土价值的计算公式为

$$V_{固土}=Q_{固土}P/p \quad (7\text{-}18)$$

式中：$V_{固土}$——固土价值量，元；

p——土壤容重，g/cm^3；

P——挖取和运输单位体积土壤所需费用，元/m^3。

（2）保肥价值评估

农田减少土壤中氮、磷、钾、有机质损失的经济价值可根据“影子价格”来估算，即现行化肥价格来确定。

$$V_{肥}=Q_{固土}（NC_1/R_1+PC_1/R_2+KC_2/R_3+MC_3） \quad (7\text{-}19)$$

式中：N——农田土壤平均含氮量，%；

C_1——磷酸二胺化肥价格，元/t；

R_1——磷酸二胺化肥含氮量，%；

P——农田土壤平均含磷量，%；

R_2——磷酸二胺化肥含磷量，%；

K——农田土壤平均含钾量，%；

C_2——氯化钾化肥价格，元/t；

R_3——氯化钾化肥含钾量，%；

M——林分土壤有基质含量，%；

C_3——有机质价格，元/t。

7.2.3.8 文化服务功能价值评估

（1）科研与教育价值评估

农田植被本身蕴含着生物学、生态学、气候学、环境学等多门学科的知识和作用机理，具有直观的科普教育和科研价值，有助于加强宣传和普及保护生态与环境等方面的科学知识和生态保护理念，有助于相关科研工作的展开，是天然、直观、具有活力的科普和科研基地。有关科研与教育价值的评估目前还没有比较成熟的方法。本章采用应用较多的我国单位面积生态系统的平均科研价值和Costanza等对全球生态系统的科研文化价值的平均值，作为秦皇岛市农田生态系统的科研价值（吴玲玲等，2003；张治军等，2010）。

$$V_{\text{科研与教育}} = P \times S \tag{7-20}$$

式中：$V_{\text{科研与教育}}$——农田年科研与教育价值，元/a；

P——单位面积农田年科研与教育价值，元/（$hm^2 \cdot a$）；

S——农田面积，hm^2。

（2）农业休闲旅游价值评估

农业观光旅游是农田生态系统十分突出的特点，本章采用专家咨询法来测算秦皇岛市观光农业年游憩总价值（详见本书第4章）。

7.2.4 农田生态系统资源资产存量价值评估方法

秦皇岛市农田生态系统资源资产的价值采用收益还原法（单胜道，2003）进行计算。假设农田生态系统资源处于永续利用状态，农田生态系统资源资产的总价值可用农田生态服务价值的现值按一定的贴现率折算成的永久值来表示。基本公式为

$$P = a/r[1-1/(1+r)^n] \tag{7-21}$$

式中：P——农田生态系统资源资产的价值，元；

r——还原利率，%；

a——农田生态服务功能价值的现值，元/a；

n——使用年期，a。

7.3 结果与分析

7.3.1 生态服务功能及价值评估分析

7.3.1.1 农田生产功能价值分析

（1）农产品生产价值

根据式（7-1）计算得出，2015 年秦皇岛市农田生态系统生态服务价值为 489 175 万元，其中区县中生产服务价值排前 4 位的分别是昌黎县、抚宁区、青龙满族自治县、卢龙县，价值分别为 152 420 万元、128 125 万元、77 934 万元、76 522 万元。

2010 年秦皇岛市农田生态系统生态服务价值为 351 855 万元，其中区县中生产服务价值排前 4 位的分别是抚宁区、昌黎县、卢龙县、青龙县，价值分别为 110 491 万元、104 339 万元、61 258 万元、45 417 万元。

2005 年秦皇岛市农田生态系统生态服务价值为 180 228 万元，其中区县中生产服务价值排前 4 位的分别是抚宁区、昌黎县、卢龙县、青龙县，价值分别为 53 360 万元、49 872 万元、39 121 万元、18 719 万元。

表 7-2 2015 年秦皇岛市农田生态系统生产服务价值

地区	播种面积/hm^2	产量/t	生产服务价值/万元
青龙满族自治县	33 762	514 177	77 934
卢龙县	44 211	851 653	76 522
昌黎县	73 135	1 657 444	152 420
抚宁区	38 075	1 279 606	128 125
海港区	11 302	162 900	13 611
北戴河区	3 769	79 622	6 225
北戴河新区	5 689	45 969	4 326
山海关区	5 055	238 759	26 889
秦皇岛开发区	3 099	26 949	3 123
合计	218 097	4 857 079	489 175

（2）花卉生产价值

花卉种植作为一项新兴“绿色产业”，是促进农民增收的特色朝阳产业。花卉经济已渐渐成为秦皇岛市现代农业尤其是休闲观光农业发展的新亮点。

根据式（7-2）计算得出，2015 年秦皇岛市花卉产业总价值为 7 254 万元，主要产值分布在昌黎县、北戴河区、山海关区；2010 年为 6 512 万元，主要产值分布在昌黎县、海港区、北戴河区；2005 年为 177 万元，主要产值分布在海港区、北戴河区、昌黎县。秦皇岛市花卉生产价值逐渐提高。这是城市经济发展到一定阶段、居民收入和消费收入提高到一定程度的必然产物，此项服务功能在未来必将有更大的发展空间。

表 7-3　2015 年秦皇岛市花卉生态系统生产服务价值

地区	花卉种植面积/hm^2	鲜切花/万支	盆栽观赏植物/万盆	花卉产业价值/万元
青龙满族自治县	5	—	13	131
卢龙县	—	—	—	—
昌黎县	20	—	39.1	3 784
抚宁区	23	15	0	236
海港区	33	29	12.11	159
北戴河区	229	—	176.4	1 694
北戴河新区	—	—	—	—
山海关区	27	—	100	970
秦皇岛开发区	—	173	—	280
合计	416	217	691.61	7 254

7.3.1.2　固碳释氧功能价值分析

根据式（7-3），可分农田作物品种计算出不同作物植被的初级生产量。本章农田生态系统各作物种类含水率 W_j 分别参照相关文献（李江波等，2010）资料获得，各含水率取值如下：稻谷 0.133、小麦 0.13、玉米 0.152、谷子 0.133、高粱 0.16、其他谷物 0.13、豆类 0.12、薯类 0.78、油料 0.090、棉花 0.083、蔬菜 0.825、瓜果 0.775、药材 0.15。各作物经济系数 f_j 参照相关文献（李克让，2000；李佳，2011）资料获得，取值如下：稻谷 0.45、小麦 0.35、玉米 0.40、谷子 0.45、高粱 0.45、其他谷物 0.35、豆类 0.34、薯类 0.70、油料 0.25、棉花 0.15、蔬菜 0.98、瓜果 0.96、药材 0.90。

在计算出初级生产量的基础上，根据式（7-4）、式（7-5），可以计算每种农田作物类型的年净固定碳量与释氧量。P_C 取值参照国际上通用的碳汇交易价格，瑞典碳税率为 150 美元/t，折合人民币约为 1 050 元/t。P_O 取值为秦皇岛市场医用氧气多年平均价格为 1 000 元/t。

2015 年秦皇岛市农田生态系统固碳价值为 226 163.38 万元，释氧价值为 159 550.89 万元；2010 年固碳价值为 210 014.28 万元，释氧价值为 148 158.20 万元；2005 年固碳价值为 178 749.05 万元，释氧价值为 126 101.62 万元。

表 7-4 2015 年秦皇岛市农田生态系统固碳释氧功能服务价值 单位：万元

地区	固碳价值	释氧价值	总价值
青龙满族自治县	34 029.96	24 007.03	58 036.99
卢龙县	48 126.48	33 951.66	82 078.14
昌黎县	81 395.10	57 421.59	138 816.69
抚宁区	35 655.71	25 153.94	60 809.66
海港区	8 709.27	6 144.11	14 853.38
北戴河区	4 417.95	3 116.72	7 534.67
北戴河新区	5 875.28	4 144.82	10 020.10
山海关区	4 964.12	3 502.02	8 466.15
秦皇岛开发区	2 989.51	2 109.00	5 098.51
合计	226 163.38	159 550.89	385 714.29

7.3.1.3 净化大气功能价值分析

目前秦皇岛市农田单位面积净化各种污染物的具体数据难以获取，所以采用马新辉等（2004）研究的参数，参照杨志新等（2005）取其水浇地和秋杂粮旱作作物对污染物净化的均值作为计算依据。农田生态系统对各种空气污染物净化效率见表 7-5。

表 7-5 农田生态系统净化大气污染物量 单位：kg/（$hm^2 \cdot a$）

土地类型	SO_2	NO_x	阻滞降尘
水田	45	33	0.92
旱地	45	33.5	0.95

根据秦皇岛市农田生态系统各种主要作物的耕地面积，运用替代法和防护费用法计算出农田作物净化大气环境的价值。根据《关于调整排污费收费标准等有关问题的通知》（冀发改价格〔2014〕1717 号）中公布的数据，SO_2的治理费用为 2.53 元/kg，NO_x的治理费用为 2.53 元/kg；阻滞降尘的费用参考四部委联合发布的《排污费征收标准管理办法》（国家计委、财政部、国家环保总局、国家经贸委第 31 号令）（2003 年 7 月 1 号实施）中公布的数据，降尘的费用为 0.15 元/kg。

2015 年，净化大气环境总价值为 3 334.30 万元（表 7-6），其中，水田净化总价值为 168.65 万元，旱地净化总价值为 3 165.65 万元。

2010 年，净化大气环境总价值为 3 352.64 万元，其中，水田净化总价值为 227.81 万元，旱地净化总价值为 3 124.83 万元。

2005 年，净化大气环境总价值为 3 416.73 万元，其中，水田净化总价值为 256.70 万元，旱地净化总价值为 3 160.03 万元。

7.3.1.4 涵养水源功能价值分析

根据涵养水源价值计算式（7-10）～式（7-13），R 参数取值：北戴河区、海港区、山海关区、秦皇岛开发区、北戴河新区为 613.27 mm，青龙满族自治县 664.18 mm，卢龙县 623.56 mm，昌黎县 616.33 mm，抚宁区 640.83 mm；K 值选取参数值（P＞20 mm）为 0.4（赵同谦等，2004）；根据已有的农田实测成果（卢小慧等，2006；李士美等，2014），估算 J 值 0.20；根据《中国统计年鉴》及参考水利部门的数据，水库建设单位库容投资为 7.61 元/m^3。

经计算得出，2015 年农田涵养水源量为 1.10 亿 m^3，涵养水源价值为 83 526.85 万元；2010 年秦皇岛市农田涵养水源量为 1.09 亿 m^3，涵养水源价值为 83 254.47 万元；2005 年秦皇岛市农田涵养水源量为 1.05 亿 m^3，涵养水源价值为 79 975.50 万元。

表 7-6 2015 年秦皇岛市农田生态系统净化大气环境价值汇总表

土地类型	指标	青龙满族自治县	卢龙县	昌黎县	抚宁区	海港区	北戴河区	北戴河新区	山海关区	秦皇岛开发区	合计
水田	占地情况/hm^2	96	652	3 412	1 618	67	635	2 054	6	0	8 540
	吸收 SO_2 净化价值/万元	1.09	7.42	38.85	18.42	0.76	7.23	23.38	0.07	0.00	97.22
	吸收 NO_x 净化价值/万元	0.80	5.44	28.49	13.51	0.56	5.30	17.15	0.05	0.00	71.3
	削减粉尘净化价值/万元	0.00	0.01	0.05	0.02	0.00	0.01	0.03	0.00	0.00	0.12
	净化价值小计/万元	1.90	12.88	67.38	31.95	1.32	12.54	40.56	0.12	0.00	168.65
旱地	占地情况/hm^2	33 666	43 559	19 446	36 457	11 235	3 134	3 635	5 049	3 099	159 280
	吸收 SO_2 净化价值/万元	383.29	495.92	221.39	415.06	127.91	35.68	41.38	57.48	35.28	1 813.39
	吸收 NO_x 净化价值/万元	285.34	369.18	164.81	308.99	95.22	26.56	30.81	42.79	26.27	1 349.97
	削减粉尘净化价值/万元	0.48	0.62	0.28	0.52	0.16	0.04	0.05	0.07	0.04	2.26
	净化价值小计/万元	669.10	865.72	386.48	724.57	223.29	62.29	72.24	100.35	61.59	3 165.63
合计/万元		35 104	45 968.19	23 765.73	39 588.04	11 751.22	3 918.65	5 914.6	5 255.93	3 222.18	3 334.30

表 7-7 2015 年秦皇岛市农田生态系统涵养水源服务价值

地区	涵养水源量/亿 m^3	涵养水源价值/万元
青龙满族自治县	0.18	13 650.63
卢龙县	0.22	16 781.91
昌黎县	0.36	27 443.84
抚宁区	0.20	14 855.52
海港区	0.06	4 219.56
北戴河区	0.02	1 407.14
北戴河新区	0.03	2 123.97
山海关区	0.02	1 887.27
秦皇岛开发区	0.02	1 157.00
合计	1.10	83 526.85

7.3.1.5 废弃物处理功能价值分析

农田净化人畜废弃物的功能可以采用替代成本法来进行价值评估，即采用城市生活垃圾处理成本来估算（孙新章等，2007）。目前我国城市生活垃圾的处理方式主要有卫生填埋、焚烧、堆肥 3 种。其中，垃圾卫生填埋在我国仍是首选方法和主要途径，占总处理量的 70%～80%，焚烧和堆粪各约占 10%。从不同处理方式的成本看，有关资料显示，卫生填埋法成本约 100 元/t；堆肥法的处理成本约 100 元/t；焚烧法的成本约 260 元/t。根据目前各种处理方式的比例和各种方式的处理成本，可以估算出垃圾处理成本约 108 元/t（孙新章等，2007）。

对秦皇岛市农田生态系统估算中考虑农业人口粪便与畜禽废弃物的净化。农村人口粪便量计算按照体重 50 kg 的人，排泄粪 0.5 kg/d、尿 1 kg/d 计算，即排粪量 182.5 kg/a、尿量 365 kg/a，合计每人排泄废物量为 0.547 5 t/a（张无敌等，1997）。

秦皇岛市畜禽主要包括猪、牛（包括肉牛、奶牛，无役用牛存栏）、羊（包括山羊、绵羊）、家禽（包括鸡、鸭）以及兔养殖。在计算畜禽粪便产生量时，参考刘红艳（2007）文献中所依据的河北省农业站所做的实地调查确定的地市畜禽粪便排泄系数以及王方浩等（2006）文献中计算方法。首先确定各年度畜禽饲养量时，根据各类畜禽的生长周期分别确定其饲养量。

表 7-8 2015 年秦皇岛市各区县农村人口数及排泄废物量

地区	农村人口/万人	排泄废物量/万 t
青龙满族自治县	50.59	27.70
卢龙县	37.78	20.68
昌黎县	46.38	25.39
抚宁区	28.67	15.70
海港区	18.81	10.30
北戴河区	6.22	3.41
北戴河新区	6.58	3.60
山海关区	5.31	2.91
秦皇岛开发区	5.23	2.86
合计	205.56	112.54

猪：平均饲养期一般为 199 d，因此猪的饲养数量就是当年的出栏数。

牛：按用途分类，分肉牛和奶牛，其中奶牛一般当年不出栏，年末存栏数即可视为当年饲养数量，肉牛也按照年末存栏数计算饲养量。

羊：生长期一般长于一年，因此采用年末存栏量作为当年的饲养数量。

家禽：鸡的生长期一般为 55 d，鸡的饲养数量就是当年的出栏数。

其次畜禽粪便排泄系数的确定。畜禽粪便的日排泄量与品种、体重、生理状态、饲料组成和饲喂方式等均相关。目前尚没有相应的国家标准，本估算参考国内公开发表的文献，取平均值确定各种畜禽新鲜粪便的排泄系数，并与美国农业工程学会通过大量试验结果而发布的各种畜禽的粪便排泄系数对比，二者基本一致（表 7-9）。

根据式（7-14）、式（7-15）经计算，2015 年秦皇岛市农田生态系统废弃物量为 908.27 万 t/a，废弃物净化价值为 98 093.11 万元（表 7-10）；2010 年秦皇岛市农田生态系统废弃物量为 839.87 万 t/a，废弃物净化价值为 90 705.50 万元；2005 年秦皇岛市农田生态系统废弃物量为 819.20 万 t/a，废弃物净化价值为 88 474.02 万元。

表 7-9 畜禽粪便排泄系数汇总表

畜禽种类	粪便排泄量	美国农业工程学会数据
猪/（kg/d）	5.3	5.1
肉牛/（t/a）	7.7	7.6
奶牛/（t/a）	19.4	20.1
羊/（t/a）	0.87	0.68
鸡/（kg/a）	53.3	42.1

表 7-10 2015 年秦皇岛市农田生态系统废弃物净化功能价值汇总表

地区	废弃物量/（万 t/a）	废弃物净化价值/万元
青龙满族自治县	172.42	18 621.24
卢龙县	188.29	20 335.38
昌黎县	203.18	21 943.71
抚宁区	229.13	24 746.03
海港区	51.44	5 555.15
北戴河区	12.26	1 323.59
北戴河新区	14.77	1 594.89
山海关区	27.21	2 938.77
秦皇岛开发区	9.58	1 034.36
合计	908.27	98 093.11

7.3.1.6 秸秆还田价值分析

秸秆还田的 N、P、K 折算成磷酸二铵、氯化钾化肥的量，折算成纯氮、磷、钾化肥的比例分别为 132∶14、132∶31、75∶39。根据市场磷酸二铵、氯化钾多年平均价格分别为 2 600 元/t 和 2 100 元/t 计算。

经式（7-16）计算得出，2015 年秦皇岛市秸秆产生量约为 173.83 万 t，秸秆还田量 79.48 万 t，秸秆还田价值为 18 678.70 万元；2010 年秦皇岛市秸秆产生量约为 152.71 万 t，秸秆还田量 72.13 万 t，秸秆还田价值为 16 409.37 万元；2005 年秦皇岛市秸秆产生量约为 136.42 万 t，秸秆还田量为 64.37 万 t，秸秆还田价值为 14 658.85 万元。

表 7-11 2015 年秦皇岛市秸秆还田支持服务价值

地区	秸秆量/t	归还量/t	秸秆还田价值/万元
青龙满族自治县	246 099.26	116 404.95	2 644.49
卢龙县	500 159.50	236 575.44	5 374.53
昌黎县	619 355.93	292 955.35	6 655.38
抚宁区	177 613.00	84 010.95	1 908.57
海港区	74 279.66	7 691.19	798.18
北戴河区	30 035.95	14 207.01	322.76
北戴河新区	45 051.97	21 309.58	484.11
山海关区	16 260.44	7 691.19	174.73
秦皇岛开发区	29 402.50	13 907.38	315.95
合计	1 738 258.21	794 753.04	18 678.70

7.3.1.7 土壤形成与保护价值分析

（1）固土量及价值

本章采用无作物裸地与有作物农田的土壤侵蚀差异来表示作物固土的总量。根据《土壤侵蚀分类分级标准》（SL 190—2007），秦皇岛市属于水力侵蚀类型区，根据相关资料裸地土壤侵蚀模数取值为 2 976 t/（km^2·a）（靳芳等，2007），农田土壤侵蚀模数取值参照全国第一次水利普查河北省秦皇岛市水土保持普查结果并结合实地调查，海港区 1 430.90 t/（km^2·a）、山海关区 1 040.27 t/（km^2·a）、北戴河区 1 752.34 t/（km^2·a）、青龙县 999.78 t/（km^2·a）、昌黎县 557.43 t/（km^2·a）、抚宁区 1 474.69 t/（km^2·a）、卢龙县 2 279.44 t/（km^2·a）、秦皇岛开发区 1 430.90 t/（km^2·a）、北戴河新区 1 752.34 t/（km^2·a）。秦皇岛市的耕作层厚度约 30 cm，土壤容重取值 1.18 t/m^3。如果没有农田作物固着土地，水力就会侵蚀土壤，就要采取工程措施进行清理，保持水土效益采用替代工程法，挖取和运输单位体积土壤所需费用取值为 21.8 元/m^3（罗细芳等，2013）。

根据式（7-17）、式（7-18）计算得出，2015 年秦皇岛市农作物固土量为 375.17 万 t，固土价值为 6 931.12 万元；2010 年秦皇岛市农作物固土量为 381.25 万 t，固土价值为 7 043.37 万元；2005 年秦皇岛市农作物固土量为 360.32 万 t，固土价值为 6 656.78 万元。

表 7-12 2015 年秦皇岛市农田固土量及价值

地区	农作物面积/hm^2	土壤保持总量/万 t	固土价值/万元
青龙满族自治县	33 762	66.72	1 232.64
卢龙县	44 211	30.80	568.94
昌黎县	73 135	176.88	3 267.82
抚宁区	38 075	57.16	1 056.05
海港区	11 302	17.46	322.62
北戴河区	3 769	4.61	85.20
北戴河新区	5 689	6.96	128.61
山海关区	5 055	9.79	180.78
秦皇岛开发区	3 099	4.79	88.46
合计	218 097	375.17	6 931.12

（2）保肥价值评估

农田植被通过作物秆、地被植物等不仅可以减少土壤的侵蚀，保护土壤中的 N、P、K 和土壤有机质的流失，同时还可以增加土壤中有机质含量。

秦皇岛市土壤全 N、全 P、全 K 和有机质的含量分别为 0.023%，0.006%、0.007% 和 2.89%。根据年固土量，可以求出年固定 N、P、K 和有机质的量。把土壤中年固定 N、P、K 和有机质折算成磷酸二铵、氯化钾化肥和有机肥的量，折算成纯氮、磷、钾化肥和有机肥的比例分别为 132∶14、132∶31、75∶39、100∶40。根据市场磷酸二铵、氯化钾多年平均价格分别为 2 600 元/t 和 2 100 元/t，有机肥价格为 500 元/t。

根据式（7-19）计算得出，2015 年秦皇岛市农田保肥总价值 16 023.63 万元。2010 年和 2005 年秦皇岛市农田保肥总价值分别为 16 283.13 万元和 15 389.39 万元。

表 7-13 2015 年秦皇岛市农田保肥价值　　单位：万元

地区	保 N 价值	保 P 价值	保 K 价值	有机质价值	保肥价值
青龙满族自治县	376.19	44.32	18.86	2 410.30	2 849.68
卢龙县	173.63	20.46	8.71	1 112.49	1 315.29
昌黎县	997.31	117.50	50.00	6 389.87	7 554.68
抚宁区	322.30	37.97	16.16	2 064.99	2 441.42
海港区	98.46	11.60	4.94	630.84	745.84

地区	保N价值	保P价值	保K价值	有机质价值	保肥价值
北戴河区	26.00	3.06	1.30	166.61	196.98
北戴河新区	39.25	4.62	1.97	251.48	297.32
山海关区	55.17	6.50	2.77	353.49	417.92
秦皇岛开发区	27.00	3.18	1.35	172.98	204.51
合计	2 115.32	249.21	106.06	13 553.04	16 023.63

7.3.1.8 休闲旅游价值分析

作为中国著名旅游城市，秦皇岛市积极引导农民进行农业产业结构调整，大力发展与现代旅游业紧密相关的设施蔬菜、果品及花卉、苗木种植业，生态休闲农业发展迅猛，稳步提升了休闲农业建设水平，休闲农业园区得到提档升级，目前秦皇岛市拥有全国五星级园区 2 家、四星级园区 3 家、三星级 1 家，园区总数达到 68 家，北戴河、集发、渔岛三地一线荣获“河北海陆风情游精品路线”称号，入选全国休闲农业十大精品旅游路线。昌黎县和抚宁区仁轩酒庄分别被评为省级休闲农业和乡村旅游示范县和示范点。农业休闲旅游在秦皇岛市已成为一种健康、时尚、高品质生活的象征，市民向往，农民喜爱。

秦皇岛市地区农田休闲旅游主要集中在昌黎、山海关区、北戴河区城郊，由于农田的休闲价值与海洋、森林和湿地的休闲价值息息相关，很难划清界限。采用专家咨询法，把旅游收入按 4∶4.5∶1∶0.5 的比例分配，分配到海洋、森林、湿地和农田四大生态系统中（详见本书第 4 章）。

计算得出，2015 年秦皇岛市农田旅游休闲价值为 181 200 万元，2010 年秦皇岛市农田旅游休闲价值为 73 700 万元，2005 年秦皇岛市农田旅游休闲价值为 34 600 万元。

表 7-14 秦皇岛市农田旅游休闲价值 单位：万元

年份	四大生态系统休闲旅游总收入	农田休闲旅游休闲价值
2015	3 624 000	181 200
2010	1 473 800	73 700
2005	691 300	34 600

7.3.1.9 科研与教育价值分析

我国单位面积生态系统的平均科研价值 382 元/（$hm^2·a$）和 Costanza 等对全球生态系统的科研文化价值 861 美元/（$hm^2·a$），取二者的平均值 3 204.52 元/（$hm^2·a$）作为秦皇岛市农田的科研与教育价值（丁小迪等，2015）。

经式（7-20）计算，2015 年科研与教育价值为 69 890 万元；2010 年和 2005 年分别为 69 472 万元和 66 722 万元。

表 7-15 2015 年秦皇岛市农田生态系统科研与教育价值

地区	播种面积/hm^2	科研教育价值/万元
青龙满族自治县	33 762	10 819
卢龙县	44 211	14 168
昌黎县	73 135	23 436
抚宁区	38 075	12 201
海港区	11 302	3 622
北戴河区	3 769	1 208
北戴河新区	5 689	1 823
山海关区	5 055	1 620
秦皇岛开发区	3 099	993
合计	218 097	69 890

7.3.2 农田生态服务功能价值汇总分析

综合供给功能、调节功能、支持功能和文化服务功能，共 15 项功能量指标，2015 年农田生态服务功能总流量价值为 135.98 亿元，2010 年为 107.68 亿元，2005 年为 79.51 亿元（表 7-16 和表 7-18）。

表 7-16 秦皇岛市农田生态服务功能价值量汇总表 单位：亿元

年份	供给功能	调节功能	支持功能	文化服务功能	合计
2015	49.64	57.07	4.16	25.11	135.98
2010	35.84	53.55	3.97	14.32	107.68
2005	18.04	47.67	3.67	10.13	79.51

表 7-17 秦皇岛市农田生态系统服务功能价值汇总表 单位：万元/a

评价项目	评价指标	功能量指标	2005 年价值	2010 年价值	2015 年价值
供给服务	农产品	农作物	180 228	351 855	489 175
	花卉产品	花卉	177	6 512	7 254
调节服务	固碳释氧	固定 CO_2	178 749.05	210 014.28	226 163.38
		释放氧气	126 101.62	148 158.2	159 550.89
	净化空气	吸收 SO_2	1 958.17	1 921.36	1 910.63
		吸收 NO_x	1 456.11	1 428.88	1 421.28
		滞尘	2.45	2.4	2.39
	涵养水源	调节水量	79 975.5	83 254.47	83 526.85
	废弃物处理功能	农村人口废物量处理	11 816.54	11 953.14	13 074.61
		畜禽废物量处理	76 657.48	78 752.38	85 018.53
支持服务	秸秆还田价值	N、P、K	14 658.85	16 409.37	18 678.7
	土壤形成与保护	固土	6 656.78	7 043.37	6 931.12
		保肥（N、P、K）	15 389.39	16 283.13	16 023.63
文化服务	休闲价值	景观、旅游价值	34 600	73 700	181 200
	科研与教育价值	科研与教育价值	66 722	69 472	69 890
合计			795 148.94	1 076 759.98	1 359 821.01

从多年各功能价值量来看，农田的供给功能随着农业现代化的发展，得到有效提升，农田的调节功能、支持功能占比有所降低；文化功能逐年升高，尤其是文化功能中的旅游收入大幅度提高，主要说明了随着经济发展，环境的变化，人们愿意享受农业旅游观光游憩。

秦皇岛市农田生态服务功能年总流量价值从 2005—2015 年呈现增加趋势。2015 年农田生态服务功能流量价值占秦皇岛市同年生产总值（2015 年生产总值为 1 250.44 亿元）的 10.87%，河北省的 0.46%（2015 年河北省生产总值 2.98 万亿），中国的 0.02%（2015 年中国生产总值 68.91 万亿）。

7.3.3 农田资源资产存量价值分析

7.3.3.1 农田资源资产存量价值

农田资源资产存量价值采用收益还原法进行计算，以农田生态服务总价值的

现值按3%贴现率折算成无限期来表示，则式（7-21）变为

$$P = a/r \quad (7\text{-}22)$$

式中：P——农田资源资产存量价值，元；

r——还原利率，%；

a——农田生态服务功能价值的现值，元/a。

根据式（7-22）计算得出，秦皇岛市2015年农田资源资产存量价值为4 532.74亿元，2010年为3 589.2亿元，2005年为2 650.5亿元。

7.3.3.2 农田资源资产存量价值空间分布分析

经统计计算，2015年秦皇岛市各区县农田资源资产存量价值由大到小顺序为昌黎县＞抚宁区＞青龙满族自治县＞卢龙县＞山海关区＞海港区＞北戴河区＞北戴河新区＞秦皇岛开发区。

单位面积平均资源资产存量价值的大小顺序为山海关区＞抚宁区＞青龙满族自治县＞昌黎县＞卢龙县＞北戴河区＞海港区＞秦皇岛开发区＞北戴河新区。

表7-18 2015年秦皇岛市各区县农田资源资产存量价值

地区	农田播种面积/hm^2	农田资源资产存量价值/亿元	单位面积农田资源资产存量价值/（万元/hm^2）	占总资产的百分比/%
青龙满族自治县	33 762	722.07	213.87	15.93
卢龙县	44 211	708.92	160.35	15.64
昌黎县	73 135	1 412.40	193.12	31.16
抚宁区	38 075	1 187.12	311.79	26.19
海港区	11 302	126.01	111.49	2.78
北戴河区	3 769	57.57	152.73	1.27
北戴河新区	5 689	39.89	70.11	0.88
山海关区	5 055	249.30	493.18	5.50
秦皇岛开发区	3 099	29.01	93.61	0.64

7.3.3.3 农田资源资产存量价值动态变化分析

秦皇岛市农田资源资产存量价值呈现逐年增加趋势，为秦皇岛市的经济社会发展提供了生态保障。这种变化基于以下原因：① 秦皇岛市 2005—2015 年农田总播种面积基本保持稳定，但随着农业种植结构的调整、现代农业的发展、科技的投入，产量再提高以及生活水平的提高，巨大的绿化、美化需要，花卉的市场需求越来越大，依托秦皇岛市自身优势，花卉经济蓬勃发展，花卉产量增加。这导致农田年供给功能呈现增加趋势。② 2005—2015 年随着农田主要作物产量的提高，净初级生产力也增高，农田作物固碳释氧能力增强。随着播种面积增加，涵养水源能力增强。③ 2005—2015 年秦皇岛市秸秆还田量在逐步增加，秸秆还田支持服务功能呈现增长趋势。④ 由于农田面积略有增加，导致固土保肥量略有增加。⑤ 2005—2015 年秦皇岛市农业休闲旅游人数呈现较大的增长，促进乡村旅游业发展。这些生态服务功能价值的增加，导致整个农田资源资产价值增加。

7.4 农田生态系统利用与保护对策

7.4.1 利用对策

7.4.1.1 做大做优特色现代农业，创建国家级农业可持续发展试验示范区

全面贯彻落实河北省委、省政府《关于加快现代农业园区发展的意见》和秦皇岛市委、市政府办公厅《关于加快现代农业园区发展的实施意见》以及河北省关于现代农业园区建设的会议精神及有关要求，按照“品种高端、技术高端、装备高端、管理高端、产品高端”的要求，以带动农业供给侧结构性改革，促进农民增收为目标，加大政策、项目、科技要素的集成和推进力度，依托特色农产品等资源优势，全过程生产绿色产品、有机产品，创设品牌，提高附加值，促进农产品向旅游产品转变。推动区级现代农业园区向一产、二产、三产融合、产加销游一体、产业链条完整的方向迈进，加快区域化布局、标准化生产、产业化经营、品牌化销售、市场

化运作的步伐，加快现代农业发展，积极创建国家级农业可持续发展试验示范区。

7.4.1.2　大力开发生态休闲农业，提升生态旅游服务功能

2015年秦皇岛市农业旅游人数约300万人次，农业旅游创收约18.12亿元，农业休闲旅游价值增长迅速。秦皇岛市仍需大力开发生态休闲农业，按照“美丽乡村、旅游扶贫、休闲农业、乡村旅游、山区综合开发”，“五位一体”发展思路，突出抓好“规划引领、标准创建、服务提升、市场拓展、智慧乡村”五项重点工作，结合河北省9大美丽乡村片区建设，以河北省乡村旅游示范村创建为抓手，典型带动，示范引领，充分利用村落环境、田园景观、农业设施、农耕文化等资源要素，大力发展四季型观光农业、休闲农业、体验农业、游乐农业、度假农业等农业新业态。逐步提升乡村旅游的品位和档次，实现秦皇岛市乡村旅游产业“低端向高端、数量向质量、大众向特色”三个转型，努力打造“中国北方最宜休闲乡村”。

7.4.1.3　全力推进农作物秸秆综合利用

以大气污染防治和农村面貌改造提升为契机，以秸秆肥料化综合利用为目标，大力推广秸秆机械化还田、堆沤还田和过腹还田，推动以秸秆为原料的工业有机肥建设；全面推进以秸秆养畜为纽带的种养一体化，深入开展秸秆青贮技术推广；积极发展秸秆基料化利用，推广秸秆栽培食用菌技术，提高秸秆利用率；努力探索秸秆材料化利用技术，为秸秆综合利用开辟新途径。

7.4.1.4　进一步提高农机化水平推动节本增效工作

深入贯彻落实中央一号文件和省、市农村、农业工作会议精神，以落实中央惠农政策为抓手，优化农机装备，提升农业机械化水平。以提升农作物生产全程和全面农机化为着力点，推广新技术、新装备，主攻玉米、花生、薯类等主要农作物各生产环节的机械化。以培育农机合作社为重任，组织好规模化农机作业生产。通过转方式、调结构、抓创新，实现农业节本增效，促进现代农业的发展。

7.4.2 保护对策

7.4.2.1 节约集约利用土地，切实保护耕地资源红线

人多地少、耕地资源短缺是我国的土地国情，十分珍惜、合理利用土地、切实保护耕地是我国的基本国策，节约集约用地是我们经济发展新常态下土地利用的必然之举，切实保护耕地是秦皇岛市资源禀赋的必然之需。适应经济发展新常态，促进秦皇岛市经济社会可持续发展，需要我们牢固树立和全面落实“创新、协调、绿色、开放、共享”五大发展理念，加大耕地保护力度，探索节约集约用地新举措，以最小的土地资源消耗助推秦皇岛市发展的转型升级。

7.4.2.2 推进农用地土壤环境保护，实施土壤污染防治

以改善土壤环境质量为核心，以保障农产品质量为出发点，促进农田土壤资源永续利用。深入开展土壤环境质量调查，尽快完成农用地土壤污染状况详查工作。实施农用地分类管理，保障农业生产环境安全。完成耕地土壤环境质量类别划定，实行优先保护、安全利用、严格管控等分类管理。将符合条件的优先保护类耕地划为永久基本农田，实施严格保护。要制定土壤环境保护方案，通过农艺调控、替代种植等措施，降低农产品受污染风险。开展受污染耕地风险管控、治理与修复。积极开展农业面源污染综合治理，推行农业清洁生产，提高秸秆、废弃农膜、畜禽养殖粪便等农业废弃物资源化利用水平。推动建立农村有机废弃物收集、转化、利用三级网络体系。加强农作物病虫害绿色防控和专业化统防统治。实施化肥、农药施用量零增长行动，开展化肥、农药减量利用和替代利用，加大测土配方施肥推广力度，引导科学合理施肥施药。

7.4.2.3 积极发展生态循环农业

深入贯彻党的十八届五中全会精神，落实创新、协调、绿色、开放、共享的发展新理念。综合运用循环经济理论、生态工程学方法，以保护生态环境、促进农业可持续发展为目标，推行集约使用投入品和清洁化生产，促进废弃物综合利用。着力形成农业产业融合发展、农业资源循环利用、农业面源污染有效防治、

农业环境持续改善、农产品优质健康的现代生态循环农业体系。在大力发展都市休闲农业的基础上，充分发挥种植业涵养水源、调节生态环境的优势，推广节水、高效设施作物品种，扩大耐旱、节水、省工特种功能作物，逐步调整对化肥、农药、地膜依赖性强的种植模式；在养殖业上，要减量增效、以种定养，控制猪禽规模、优化皮毛动物，实现农业面源污染的源头管控。

7.4.2.4 保护农业生态资源和农业生物多样性

农业生态资源和农业生物多样性（包括农业生物遗传多样性、物种多样性和生态系统多样性）是农业生态系统充分发挥多样化生态服务功能的基础和保证。农业生物多样性的保护主要有两个方面的工作：① 农业生态系统与生境的保护；② 农业生物物种和种质遗传资源的保护与收集。

7.4.2.5 定期开展农业生态服务价值评估

农业生态系统不仅具有高效的、直接的生产功能，而且具有极其重要的环境功能。然而，长期以来，对其生态环境服务功能并没有给予足够的认识。因此，建议加强对典型农业生态系统的服务功能及其价值进行综合调查研究，建立农业生态系统的绿色价值评估体系，并建立和完善相关的政策制度。

参考文献

[1] BRUZZONE L. Detection of changes in remotely-sensed images by the Selective used multi-spectral information[J]. Int J Remote Sensing，1997，l8（18）：3883-3888.

[2] Lu F，Wang XK，Han B，et al. Soil carbon sequestrations by nitrogen fertilizer application，straw return and no-tillage in China's cropland[J]. Global Change Biology，2009，15：281-305.

[3] Sub-global Assessment Selection Working Group of the Millennium Ecosystem Assessment（MA）. Millennium Ecosystem Assessment Sub-Global Component：Purpose，Structure and Protocols，2001. http：//www.millennium assessment.org.

[4] 白杨，欧阳志云，郑华，等. 海河流域农田生态系统环境损益分析[J]. 应用生态学报，2010，21（11）：2938-2945.

[5] 毕于运. 秸秆资源评价与利用研究[D]. 北京：中国农业科学院，2010.

[6] 毕于运，高春雨，王亚静，等. 中国秸秆资源数量估算[J].农业工程学报，2009（12）：211-217.

[7] 靳芳，鲁绍伟，余新晓，等. 中国森林生态系统服务功能及其价值评价[J]. 应用生态学报，2005，16（8）：1531-1536.

[8] 李佳. 秦皇岛市陆地植被碳汇研究[D]. 杨凌：西北农林科技大学，2011.

[9] 李江波，苏忆楠，饶秀勤. 基于高光谱成像及神经网络技术检测玉米含水率[J]. 包装与食品机械，2010，28（6）：1-4.

[10] 李克让. 土地利用变化和温室气体净排放与陆地生态系统碳循环[M]. 北京：气象出版社，2002.

[11] 李士美，谢高地. 典型农田生态系统水源涵养服务流量过程研究[J]. 北方园艺，2014（3）：193-196.

[12] 刘红艳. 河北省畜禽粪便负荷与警报分级[J]. 农业环境与发展，2007（1）：75-77.

[13] 刘鸣达，黄晓姗，张玉龙，崔建国.农田生态系统服务功能研究进展[J]. 生态环境，2008，17（2）：834-838.

[14] 卢小慧，靳孟贵，汪丙国. 栾城农业生态系统试验站土壤水分特征曲线分析[J]. 中国农村水利水电，2006（12）：30-32，57.

[15] 罗细芳，古育平，陈火春，等. 我国沿海防护林体系生态效益价值评估[J]. 华东森林经理，2013（1）：25-27.

[16] 马新辉，孙根年，任志远. 西安市植被净化大气物质量的测定及其价值评价[J]. 干旱区资源与环境，2002，16（4）：83-86.

[17] 马新辉，任志远，孙根年. 城市植被净化大气价值计量与评价——以西安市为例[J]. 中国生态农业学报，2004（4）：180-182.

[18] 毛富玲，郭雅儒，刘雅欣. 雾灵山自然保护区森林生态系统服务功能价值评估[J]. 河北林果研究，2005，20（3）：220-223.

[19] LY/T 1721—2008，森林生态系统服务功能评估规范[S].

[20] 单胜道，尤建新. 收益还原法及其在林地价格评估中的应用[J]. 同济大学学报（自然科学版），2003，31（11）：71-73.

[21] 孙新章，周海林，谢高地. 中国农田生态系统的服务功能及其经济价值[J]. 中国人口·资源与环境，2007，17（4）：55-60.

[22] 王方浩，马文奇，窦争霞，等. 中国畜禽粪便产生量估算及环境效应[J]. 中国环境科学，2006，26（5）：614-617.

[23] 杨丽莎. 农村秸秆产量的测算与影响因素分析——基于构建低碳农业经济的视角[J]. 安徽农业科学，2011，39（10）：6243-6245，6248.

[24] 杨光梅，李文华，闵庆文. 生态系统服务价值评估研究进展：国外学者观点[J]. 生态学报，2006，26（1）：205-212.

[25] 杨志新，郑大玮，文化. 北京郊区农田生态系统服务功能价值的评估研究[J]. 自然资源学报，2005，20（4）：564-571.

[26] 元媛，刘金铜，靳占忠. 栾城县农田生态系统服务功能正负效应综合评价[J]. 生态学杂志，2011，30（12）：2809-2814.

[27] 赵景柱，肖寒，吴刚. 生态系统服务的物质量与价值量评价方法的比较分析[J]. 应用生态学报，2000，11（2）：290-292.

[28] 赵同谦，欧阳志云，郑华，等. 中国森林生态系统服务功能及其价值评估[J]. 自然资源学报，2004，19（4）：480-491.

[29] 赵荣钦，黄爱民. 农田生态系统服务功能及其评价方法研究[J]. 农业系统科学与综合研究，2003，19（4）：266-270.

[30] 张东，李晓赛，陈亚恒. 怀来县农田生态系统服务价值分类评估[J]. 水土保持研究，2016，23（1）：234-239.

[31] 中国农业年鉴编辑委员会. 中国农业年鉴[M]. 北京：中国农业出版社，2006.

8 秦皇岛市生态资源资产时空变化分析

8.1 秦皇岛市生态资源资产价值动态变化

8.1.1 生态资源资产存量价值动态变化分析

根据各生态系统估算结果（假设鸟类资源资产价值和古树名木资源资产保持不变），从时间上来看，2005—2015 年秦皇岛市自然生态系统资源资产存量价值呈增加趋势，年平均增长率为 7.80%（表 8-1）。2015 年秦皇岛市各生态系统资源资产存量价值为 26 986.53 亿元，2010 年为 18 759.05 亿元，2005 年为 15 159.48 亿元（表 8-1）。

表 8-1 秦皇岛市各生态系统资源资产价值

生态资源资产类型	2015 年		2010 年		2005 年		2005—2015 年变化	
	资产价值/亿元	比例/%	资产价值/亿元	比例/%	资产价值/亿元	比例/%	资产价值/亿元	变化幅度/%
海洋	6 921.75	25.65	3 569.05	19.03	2 344.67	15.47	4 577.08	195.21
湿地	1 835.42	6.80	1 053.84	5.62	791.91	5.22	1 043.51	131.77
森林	13 573.57	50.30	10 423.91	55.57	9 249.35	61.01	4 324.22	46.75
农田	4 532.74	16.80	3 589.2	19.13	2 650.5	17.48	1 882.24	71.01
鸟类	119.6	0.44	119.6	0.64	119.6	0.79	—	—
名树古木	3.45	0.01	3.45	0.02	3.45	0.02	—	—
总计	26 986.53		18 759.05		15 159.48		11 827.05	78.02

2005 年、2010 年各生态系统资源资产存量价值的大小顺序为森林＞农田＞海洋＞湿地，而 2015 年为森林＞海洋＞农田＞湿地。2005—2015 年，海洋资源资产价值增加幅度最大，为 195.21%，其次为湿地资源资产价值，为 131.77%，增加幅

度最小的为森林资源资产价值，为 46.75%。海洋、森林、湿地和农田资源资产大幅度增加的主要原因是休闲旅游业产值的大幅度增加所致，体现出了生态服务功能的社会效益和经济效益，但这一大幅增加的现象也给基础服务设施带来压力，值得相关部门重视和深入研究。

总体来说，随着秦皇岛市生态文明建设的深入推进，森林覆盖率稳步提高，生态环境质量持续改善，秦皇岛市生态资源资产的家底逐年厚实，优美生态环境带给人们的生态福祉获得感、幸福感和安全感不断增强，全国文明城市和国家森林城市的牌子越来越响亮。同时也说明，多年来秦皇岛市的生态环境保护、生态建设与生态修复工作成绩显著，取得了良好的生态、经济和社会效益。

8.1.2 生态系统服务功能价值动态变化分析

汇总各生态系统服务功能价值，2015 年秦皇岛市四大生态系统的生态服务功能价值合计为 805.90 亿元/a，2010 年为 559.09 亿元/a，2005 年为 451.09 亿元/a。2015 年秦皇岛市四大生态系统服务功能价值大小顺序为：森林＞海洋＞农田＞湿地。2005—2015 年呈快速增加趋势，其中文化服务功能价值中的旅游收入占生态服务总价值的比例分别为 44.73%、26.07%、15.15%。2005—2015 年，旅游收入增加幅度比较大，增加幅度为 424.23%，说明秦皇岛市四大生态系统具有巨大的生态经济效益和潜能，符合秦皇岛市“生态立市”“旅游兴市”的目标定位。但大力发展旅游业的同时应当考虑生态资源的承载能力和环境容量，制定合理的规划方案和措施，防止生态资源遭受破坏。

表 8-2 秦皇岛市各生态系统服务功能价值及构成变化

生态系统类型	2015 年		2010 年		2005 年	
	生态服务功能价值/亿元	比例/%	生态服务功能价值/亿元	比例/%	生态服务功能价值/亿元	比例/%
海洋	207.65	25.77	107.07	19.15	70.34	15.59
湿地	55.06	6.83	31.62	5.66	23.76	5.27
森林	407.21	50.53	312.72	55.93	277.48	61.51
农田	135.98	16.87	107.68	19.26	79.51	17.63
总计	805.90	100	559.09	100	451.09	100
其中旅游收入	362.4	44.97	147.38	26.36	69.13	15.33

8.1.3 生态服务功能价值与 GDP 比较

谢高地等（2015）采用单位面积生态系统价值当量因子法，对我国 2010 年生态系统服务功能价值进行了评估，评估结果生态服务价值总价值为 38.10 万亿元，人均生态服务价值量为 2.84 万元，人均 GDP 为 2.99 万元，而河北的人均生态服务价值为 0.63 万元和人均 GDP 为 2.83 万元。

而本研究计算结果显示，2015 年、2010 年、2005 年秦皇岛市人均生态服务功能价值量分别为 2.62 万元、1.87 万元、1.62 万元，而人均 GDP 分别为 4.07 万元、3.12 万元、1.78 万元。二者比例分别为 0.51、0.60、0.91，表明随着经济发展，秦皇岛市生态服务功能价值相对于经济价值是非常稀缺的。秦皇岛市 2015 年人均生态服务功能价值（2.62 万元）略低于谢高地等研究我国人均生态服务功能价值量（2.84 万元），而明显高于河北的人均生态服务功能价值为 0.63 万元。

表 8-3 秦皇岛市生态系统服务功能价值与 GDP 比较分析

年份	人口数/万人	GDP/亿元	生态系统服务功能价值/亿元	人均生态系统服务功能价值/（万元/人）	人均 GDP/（万元/人）
2015	307.32	1 250.44	805.90	2.62	4.07
2010	298.28	930.49	559.09	1.87	3.12
2005	278.64	496.79	451.09	1.62	1.78

8.2 秦皇岛市生态资源资产价值空间分布格局

8.2.1 生态资源资产存量价值空间格局分析

由表 8-4 可知，青龙满族自治县生态资源资产存量价值最大，占总资产的 25.73%，秦皇岛开发区生态资源资产存量价值最少，仅占 0.72%。其生态资源资产存量的价值大小顺序为青龙满族自治县（25.73%）＞北戴河新区（15.79%）＞北戴河区（13.90%）＞山海关区（10.72%）＞昌黎县（9.84%）＞抚宁区（9.71%）＞海港区（7.18%）＞卢龙县（6.40%）＞秦皇岛开发区（0.72%）。

由附图 8-1 可知，2015 年秦皇岛市生态资源资产呈现北部山区和南部沿海地带高，中间部位相对较低的空间分布格局。生态资源资产空间分布格局与秦皇岛市资源分布相一致，北部山区森林资源丰富，南部沿海滩涂湿地物种多样，生态资产相对较高。

表 8-4　2015 年秦皇岛市各区县生态资源资产价值　　单位：亿元

地区	海洋	湿地	森林	农田	总计
青龙满族自治县	—	456.07	5 766.36	722.07	6 944.50
卢龙县	—	236.93	782.26	708.92	1 728.11
昌黎县	—	440.16	803.23	1 412.40	2 655.79
抚宁区	—	328.80	1 103.32	1 187.12	2 619.24
海港区	903.18	157.05	751.83	126.01	1 938.07
北戴河区	1 921.16	28.19	1 744.79	57.57	3 751.71
北戴河新区	2 947.26	61.02	1 213.54	39.89	4 261.71
山海关区	1 210.02	126.58	1 308.37	249.30	2 894.27
秦皇岛开发区	20.29	40.52	103.32	29.01	193.14
合计	7 001.46	1 875.31	13 577.03	4 532.29	26 986.53

从单位面积生态资源资产来看（附图 8-2），单位面积生态资源资产呈现南部沿海平原地带相对较高，而北部中低山区相对较低的空间分布格局。北戴河区、北戴河新区、山海关区和海港区相对较高，其次是昌黎县、抚宁区，秦皇岛开发区最低。沿海平原地带土壤肥沃、沿海生物物种多样，单位面积生产力相对较高，而北部山区森林资源以幼龄林为主，单位面积生产力相对较低。

8.2.2　生态服务功能价值空间格局分析

由表 8-5 可知，秦皇岛市各区县 2015 年生态服务功能价值空间分布格局，其空间分布格局呈现北部山区高，沿海相对较高，中部丘陵地区相对较低。青龙满族自治县最高，占年总服务价值的 25.80%，最小的是秦皇岛开发区，仅占 0.71%。其生态资源资产存量的价值大小顺序为青龙满族自治县（25.80%）＞北戴河新区（15.73%）＞北戴河区（13.91%）＞山海关区（10.71%）＞昌黎县（9.85%）＞抚宁区（9.72%）＞海港区（7.16%）＞卢龙县（6.41%）＞秦皇岛开发区（0.71%）。

与生态资源资产存量价值的空间分布格局相一致。

从单位面积生态服务功能价值来看，呈现南部沿海区县高，其次是中部丘陵地带，而北部山区相对较低的空间分布格局。北戴河区、山海关区和北戴河新区相对较高，其次是昌黎县和抚宁区，秦皇岛开发区最低。与生态资源资产单位面积资产价值的空间分布格局相一致。

表 8-5 2015 年秦皇岛市各区县生态系统服务功能价值 单位：亿元

地区	海洋	湿地	森林	农田	总计
青龙满族自治县	—	13.33	172.94	21.66	207.94
卢龙县	—	6.95	23.47	21.27	51.68
昌黎县	—	12.89	24.09	42.37	79.35
抚宁区	—	9.62	33.08	35.61	78.31
海港区	26.67	4.69	22.55	3.78	57.69
北戴河区	57.20	0.84	52.32	1.73	112.09
北戴河新区	87.36	1.78	36.41	1.20	126.74
山海关区	35.85	3.75	39.25	7.48	86.32
秦皇岛开发区	0.58	1.21	3.10	0.87	5.76

参考文献

谢高地，张彩霞，张昌顺，等. 中国生态系统服务的价值[J]. 资源科学，2015，37（9）：1740-1746.

9 秦皇岛市生态系统服务功能面临的问题与对策建议

9.1 面临的问题

秦皇岛市以海洋、森林、湿地和农田四大生态系统为主，系统复杂多样，空间差异大。由于气候、地理条件的影响，同时快速的人口增长和高速的经济发展导致的高强度资源开发，对秦皇岛市各自然生态系统造成一定的影响，局部生态系统退化已成为秦皇岛市经济社会可持续发展面临的主要问题。

2015 年，秦皇岛市土地利用率高达 97.70%，未利用地仅占 2.30%，主要为裸地、沙地等，建设用地需求量大，土地后备资源严重不足，土地供需矛盾尖锐，对农田、森林、湿地等生态用地产生压力。

（1）海洋生态系统

海洋捕捞产量逐年下降，但海水养殖产量却大幅上升，这一方面反映出海洋天然渔业资源有所减少，另一方面大量的海水养殖对海洋生态环境会造成一定的污染压力。同时海洋初级生产力呈现逐年下降趋势，使秦皇岛市海洋生态系统固碳释氧功能下降，表现出海洋生态系统退化问题。

（2）森林生态系统

北部山区森林植被以中幼林为主，单位面积上森林植被的生态服务功能价值和资源资产价值相对偏低，而南部沿海地区森林植被局部退化、老化、衰退严重，研究结果表明局部地区的森林生态调节功能部分指标有下降趋势。森林植被的抚育管理和抚育更新措施亟待加强。

（3）湿地生态系统

由于过多重视湿地生态系统的旅游经济价值以及大力开发沿海湿地养殖业，忽视或者没有显著意识到其生态服务功能价值的重要性，造成在湿地资源开发利用过程中产生许多不利影响，破坏了湿地原有的生境完整性和景观多样性。同时，养殖污染物进入湿地生态系统，易加重水体富营养化，降低水体质量，间接影响湿地休闲娱乐功能。另外，沿海地区经济发展加快了休闲设施建设和房地产开发，对沿海湿地的占用程度加深，湿地面积呈现下降趋势。造成湿地的抵御风暴潮、物种保护等服务功能呈现下降趋势。

（4）农田生态系统

耕地保护面临挑战，农田面源污染问题依然严重，农产品质量安全风险增多，推动绿色发展和资源永续利用面临困难。目前休闲农业与乡村旅游发展较快，但是未能很好发挥规划对乡村旅游产业的引领作用，存在盲目开发现象，造成资源破坏和低水平重复建设，对农田生态系统造成不利影响。

9.2　对策建议

（1）加大生态系统的保护力度，为生态立市战略奠定坚实的基础

秦皇岛市集海洋生态系统、森林生态系统、湿地生态系统和农田生态系统于一体，自然资源基础雄厚，生态环境条件优越，是驰名中外的旅游城市。2015 年四大生态系统资源资产存量价值为 26 986.53 亿元，生态服务功能价值为 805.88 亿元，生态资源资产存量价值是同期 GDP 的 21.58 倍，生态服务功能价值是同期 GDP 的 0.64 倍，自然生态系统为秦皇岛市的经济社会发展提供了巨大的生态支撑和经济基础。良好的生态是经济社会永续发展的基础，是当前最普惠的民生，是秦皇岛面向未来的核心竞争力。要维护与管理好目前的自然生态系统，使其生态服务功能达到永续利用，这就要牢固树立“绿水青山就是金山银山”理念，坚持生态优先、绿色发展，把生态环境保护摆上优先地位，更大力度地保护优质自然资源，全面统筹生态保护、建设、开发，共抓大保护，不搞大开发，加快打造京津冀生态标兵城市。因此，生态立市战略的提出符合秦皇岛市市情，秦皇岛市应该坚定实施生态立市战略。

生态环境资源是秦皇岛市最大的亮点和特色。要充分利用资源优势，突出海洋特色，陆海统筹河海共治推进全域生态文明建设。设立高于国家标准的生态建设标准，实施山水林田湖海生态建设工程。抓好重点河流生态景观带、生态清洁小流域、山区中小水利工程建设，构建河湖生态水网体系。创新体制机制，动员全社会参与，大规模开展植树造林，增植生态公益林和经济林，在扩大森林覆盖的同时，提高森林质量。加强野生动植物资源保护，争取翡翠岛申报世界自然遗产，叫响“中国观鸟之都”品牌。因地制宜推进城镇游园建设，塑造“千园万景”。争取全市域纳入国家生态功能区，祖山、碣石山纳入国家公园体制试点，提升柳江国家地质公园和北戴河国家湿地公园水平，加快推进青龙满族自治县建设全县域国家生态公园、卢龙县打造“一渠百库”国家湿地公园。依托海洋生态系统，创建国家级海洋生态文明示范区，建设国家级海洋公园。

秦皇岛市应以生态文明为先导、生态保护为基础、绿色发展为核心、社会和谐为追求，建立健全统筹协调体制机制，综合运用市场、开放、创新、法治等方法，构建生态文明制度体系。加强市级环境立法，实行生态环境损害责任终身追究制度，完善绿色绩效考核评价体系。构建自然资源资产产权和用途管制制度，建立用能、用水、碳排放权分配补偿机制，引入第三方评估和治理机制。建立环保行政执法与司法衔接机制，严厉打击各种环境违法犯罪行为。动员公众参与环境立法、决策、监督及影响评价，完善市、县、乡、村四级环保网格化监管体系，构筑社会共治共享的生态文明创建体系，用制度守护好青山绿水，把秦皇岛市建成河北省乃至全国生态文明先行示范区。

（2）落实“多规合一”、生态红线等政策，优化秦皇岛市国土空间格局

要高度重视生态保护与建设规划编制工作，建议秦皇岛市尽快制定《关于加快推进生态文明建设的实施方案》，补充完善《秦皇岛生态市建设规划》等一系列可操作性的规划方案，尽可能实现“多规合一”，并与主体功能区划、经济社会发展规划、土地利用总体规划、城乡总体规划、环境保护规划、林地保护利用规划等相关规划进行了衔接，保证了规划的可操作性和有效落地，并按照规划逐步、有序组织开展实施，推进一大批重大生态工程建设，实现了规划先行、示范引领的作用。并把规划“从地上搬到图上”，再“从图上落到地上”，按照城市功能和生态功能分区控制要求，推动秦皇岛空间开发格局不断优化、经济结构绿色转型、

环保基础设施完善、环境质量持续改善、城乡环境更加宜居、环保理念深入人心。

生态红线是维护生态安全的生命线，对区域生态安全及经济社会可持续发展具有重要战略意义。要严格落实国家和省主体功能区规划，优化生产、生活和生态空间布局。全面开展生态资源普查，根据生态资源资产价值评估结果，完善《秦皇岛市生态保护红线方案》，并将生态保护红线落实到地块，明确生态系统类型、主要生态功能，通过自然资源清查核算，统一确权登记，明确用地性质与土地权属，形成生态保护红线"一张图"。要严守开发边界，以刚性要求保障生态建设成果。特别要加强海岸线、水源地、湿地、沿海防护林、自然保护区、风景名胜区等重点区域的保护，确保海洋、湿地、森林和农田生态功能不降低、面积不减少、性质不改变，从而保障生态资源资产的存量价值不减少。聚焦重点、持续发力，逐年提高生态系统服务功能，优化生态系统结构，提升山海生态之美。

（3）加强生态系统修复与保护，提高生态资本价值

加强生态系统的修复和重建是提高自然生态资源资产存量和流量十分有效的方法和措施。以更大的力度、更高的标准抓好生态环境治理，以尊重科学、久久为功的态度推进全域生态建设。通过生态市（县、乡镇、村）、森林城市、园林城市、"城市双修"等品牌创建活动，实施生态系统修复与保护重点工程。要大力实施"碧水行动"，继续巩固深化四级河长制，加大污染源整治和河道治理力度。持续推进近岸海域生态修复，加强海砂、海水和海洋生物保护，抢救宝贵的海河岸线。扎实开展"净土行动"，持续减少化肥农药用量，加强农业面源污染防治，促进土壤资源永续利用。加强生态修复和综合治理，实现露天矿山采掘业全部退出。

（4）重视生态价值，建立健全生态补偿机制

"绿水青山就是金山银山"，摸清生态资源资产的家底就等于是在金山银山和绿水青山之间架起了相互衡量的桥梁，也为实施探索中央《生态文明体制改革总体方案方案》《国务院办公厅关于健全生态保护补偿机制的意见》《生态环境损害赔偿制度改革试点方案》，建立和落实生态文明绩效评价考核制度、生态环境损害责任追究制度、自然资源资产产权制度和用途管制制度、资源有偿使用制度和生态补偿制度奠定了基础。

生态补偿是保证生态系统持续稳定提供生态服务功能的重要手段之一。通过

经济手段调控对生态系统的保护与利用行为。建立健全生态补偿机制，使生态系统保护者与生态服务功能提供者能得到经济补偿，以促进生态系统的保护、修复和生态服务功能的持续供给。2015 年生态资源资产价值为 26 986.53 亿元，生态服务功能价值为 805.88 亿元，该价值体现了海洋、湿地、森林和农田四大生态系统是支撑秦皇岛市生态旅游的重要生态保障，也体现了四大生态系统对秦皇岛市城市发展、人居环境维持具有重要的社会和生态效益。根据秦皇岛市自然生态资源资产价值评估尽快制定和完善生态保护补偿机制，确保“谁受益谁付费”，要实现补偿水平与经济社会发展状况相适应，建立多元化补偿机制，多渠道筹措资金，加大生态保护补偿力度。

（5）加强生态系统综合监测能力建设，制定、完善生态资产考核制度

坚持以改善环境质量为核心，大力加强生态环境监测网络建设，积极推进环境监测体制机制改革，进一步强化环境监测质量管理，为生态文明建设和环境保护工作提供强有力的支撑与保障。

要将生态保护目标作为我市各级政府领导干部考核的重要指标。建立体现生态保护与建设要求的目标体系、考核办法、奖惩机制，把考核结果作为各级领导班子和领导干部综合考核评价的重要内容。根据《党政领导干部生态环境损害责任追究办法(试行)》《关于开展领导干部自然资源资产离任审计的试点方案》《编制自然资源资产负债表试点方案》，落实生态资产考核制度，秦皇岛市应率先在河北省建立以生态资源资产为核心的新型绩效考评机制，替代原有单纯的 GDP 考核指标，以生态资源资产负债表为基础，开展领导干部离任审计试点，将生态资源资产作为重要内容实施干部离任审计。

（6）加强宣传教育，鼓励、引导公众参与生态环境保护

要加强生态文明宣传教育，率先实施生态文明行为规范，把生态文明知识纳入国民教育体系、党政领导干部培训内容，切实增强全民节约意识、环境意识、生态意识，牢固树立生态文明理念。

为保障公众对生态环境保护的知情权、参与权和监督权，推进生态文明建设，创造良好的生产生活环境，积极引导社会公众参与生态环境保护。完善公众参与制度，推动信息公开，建立政府重大决策听证制度，强化公众现代环境公益意识和环境权利意识培育，建立公众生态环境的信息获取、决策参与权和政策监

督机制。

（7）依托生态资源优势，搭建生态融资平台（PPP 项目试点）

积极优先保障生态建设方面的支出，将生态保护建设资金列入本级财政预算。通过强化资金整合，加大资金投入力度。积极出台资金使用、管理等规范性文件，积极申请中央预算内资金和省本级专项资金及建设基金，合理优化财政支出结构。严格落实财政预算执行管理办法，建立完善生态项目跟踪检查制度，切实提高资金使用效益。建议建立生态保护基金，成立专门管理机构，创新建设投入与运行管理模式。

灵活运用财政补助、贴息等政策措施，全面推广政府和社会资本合作 PPP 模式，引入社会资本投入生态建设。建立合理的投资回报机制和有效的资金监管制度，保障生态保护与建设项目中的外资合伙人、社会出资人和公众参与人的合法利益诉求。加强与金融机构的沟通协调，引导金融机构创新生态建设相关金融服务产品。建立生态恢复专项资金，制定生态效益补偿制度，积极推进生态补偿、排污权交易等激励与约束并举的新机制，对重要自然资源征收开发补偿费、生态恢复保证金，拓宽生态保护与建设筹资渠道。建立财政资金、社会资金和群众投工投劳相结合的多元化投入机制，多渠道资金保障秦皇岛市生态建设工作的有序推进。

附　图

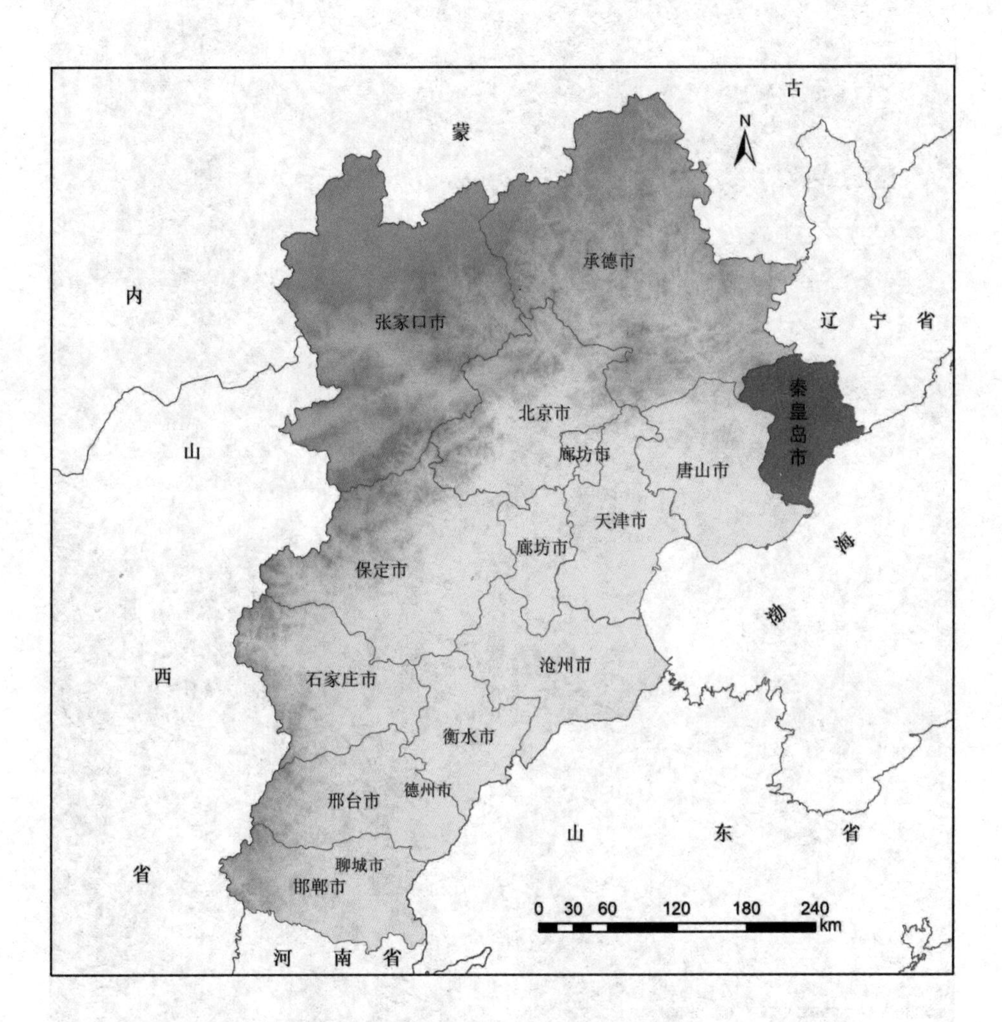

附图 3-1 秦皇岛市在河北省地理位置图

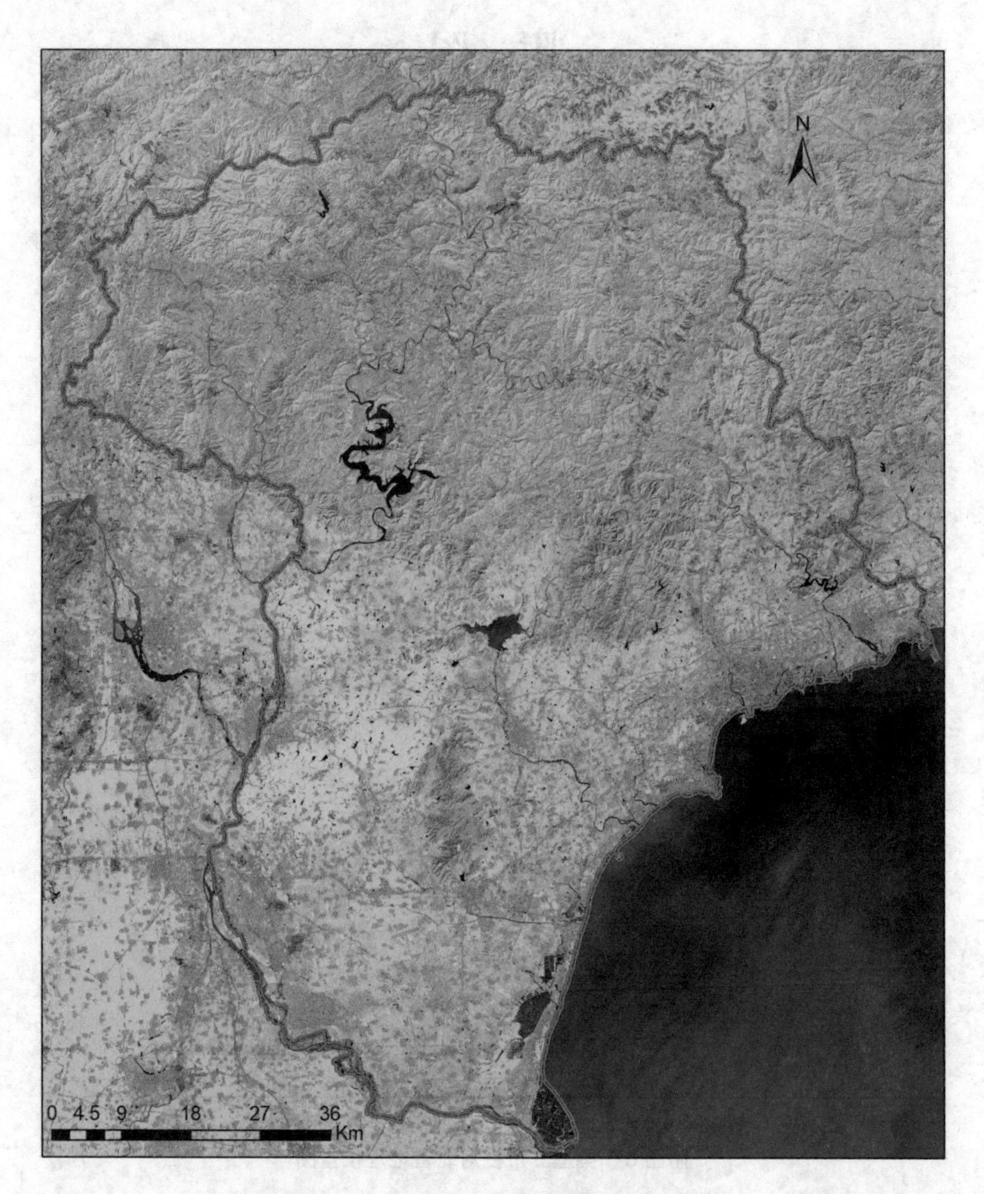

附图 3-2 秦皇岛市遥感影像图（Landsat8）

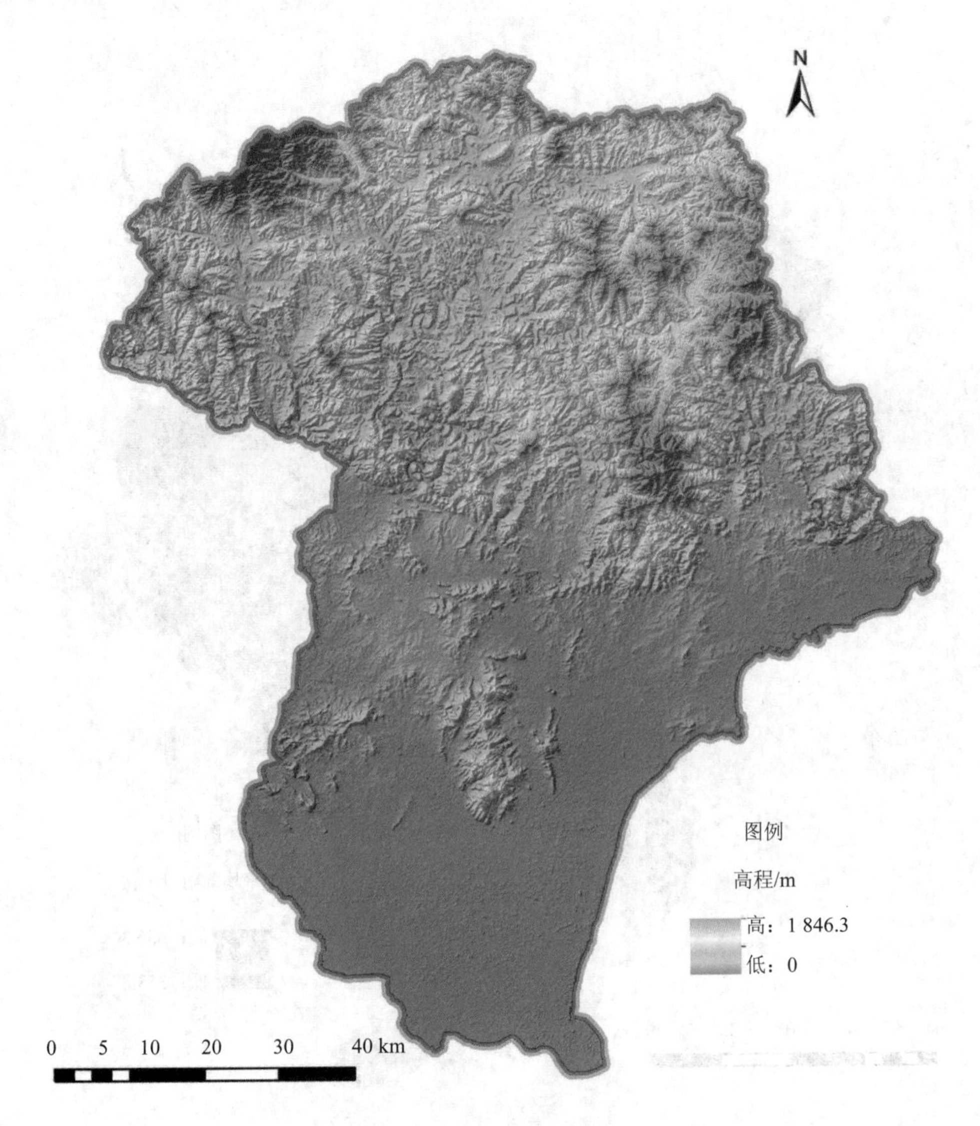

附图 3-3　秦皇岛市地形地貌图

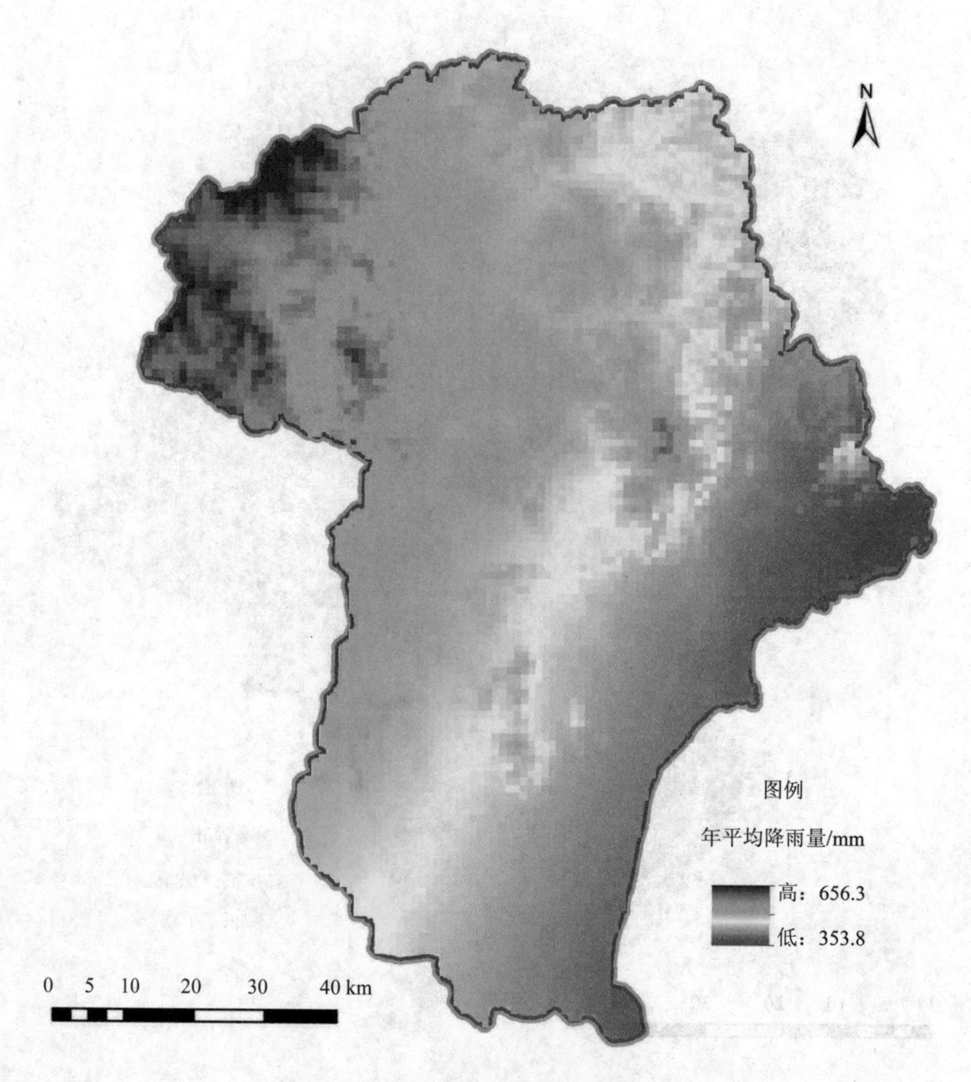

附图 3-4 秦皇岛市多年平均降水空间分布图

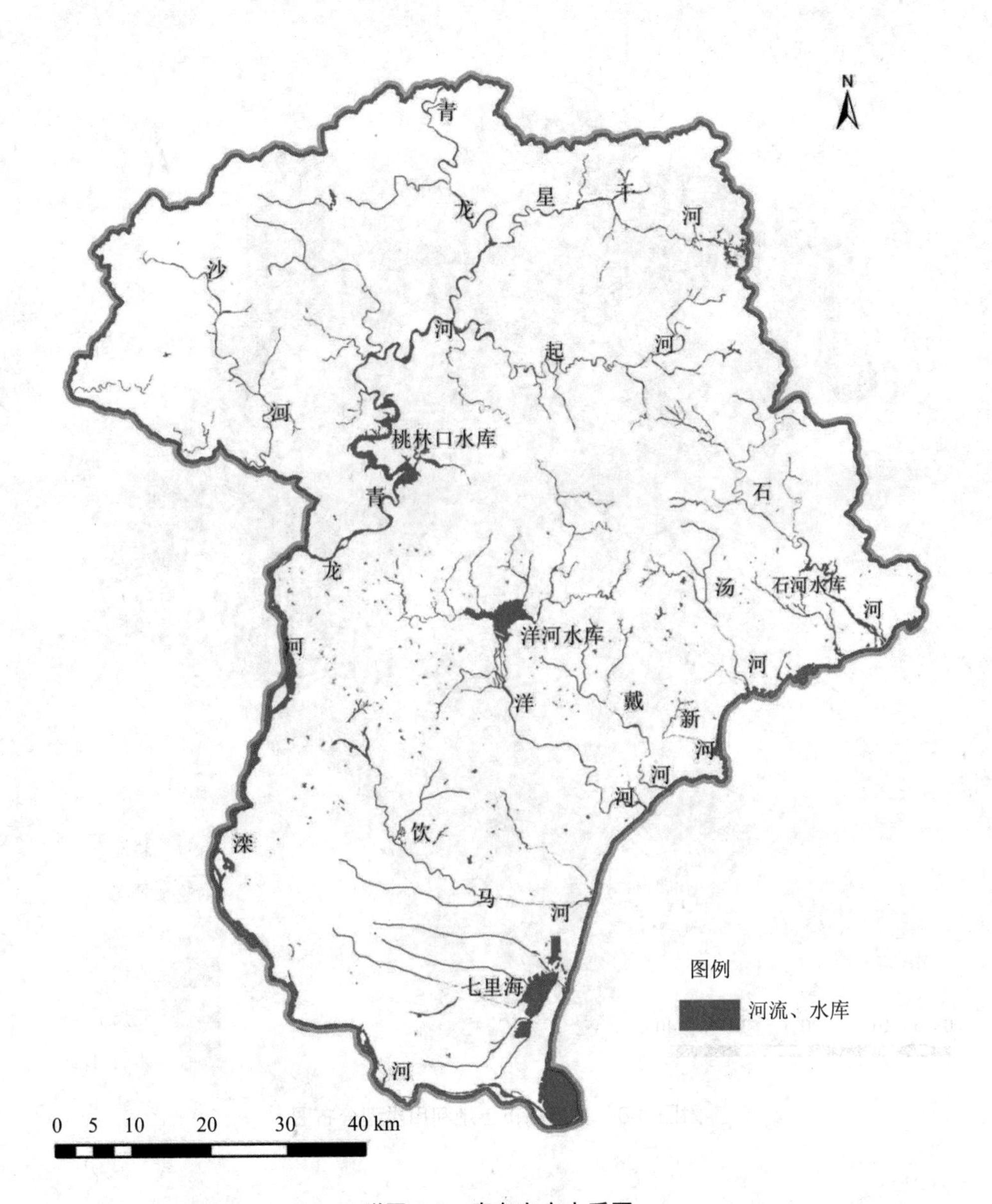

附图 3-5 秦皇岛市水系图

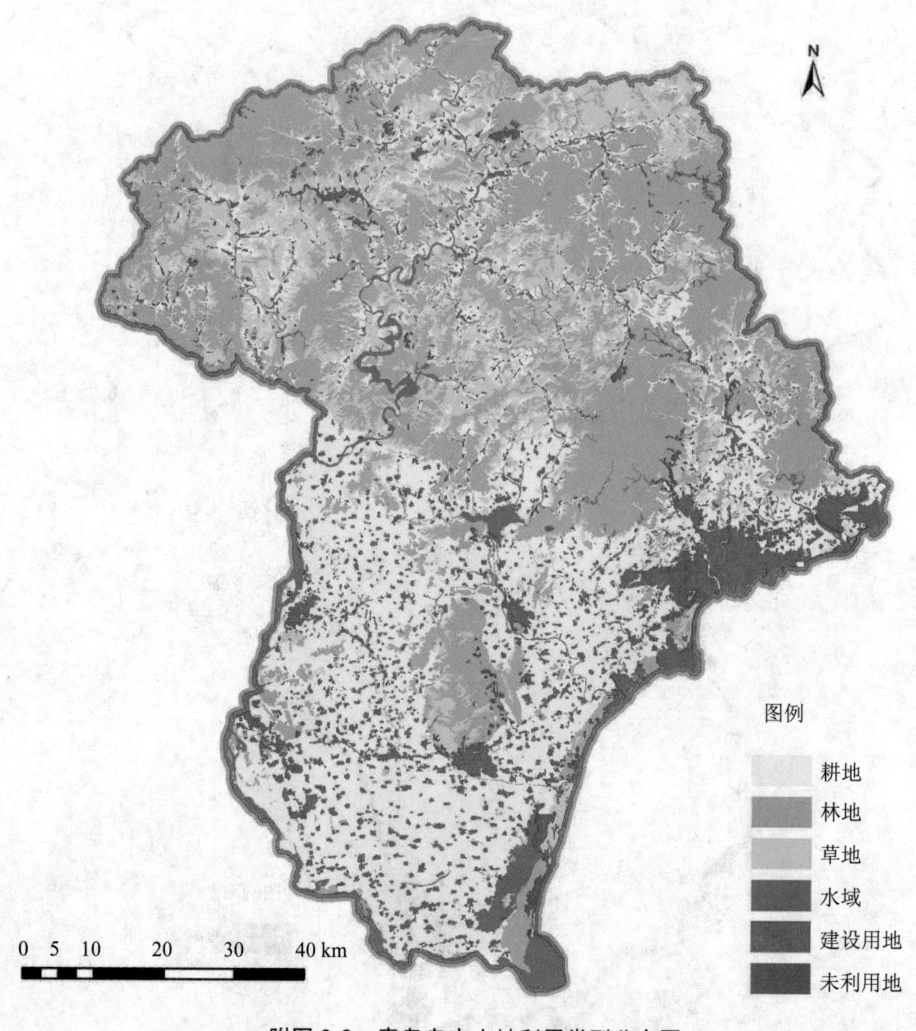

附图 3-6 秦皇岛市土地利用类型分布图

附图 3-7　秦皇岛市政区图

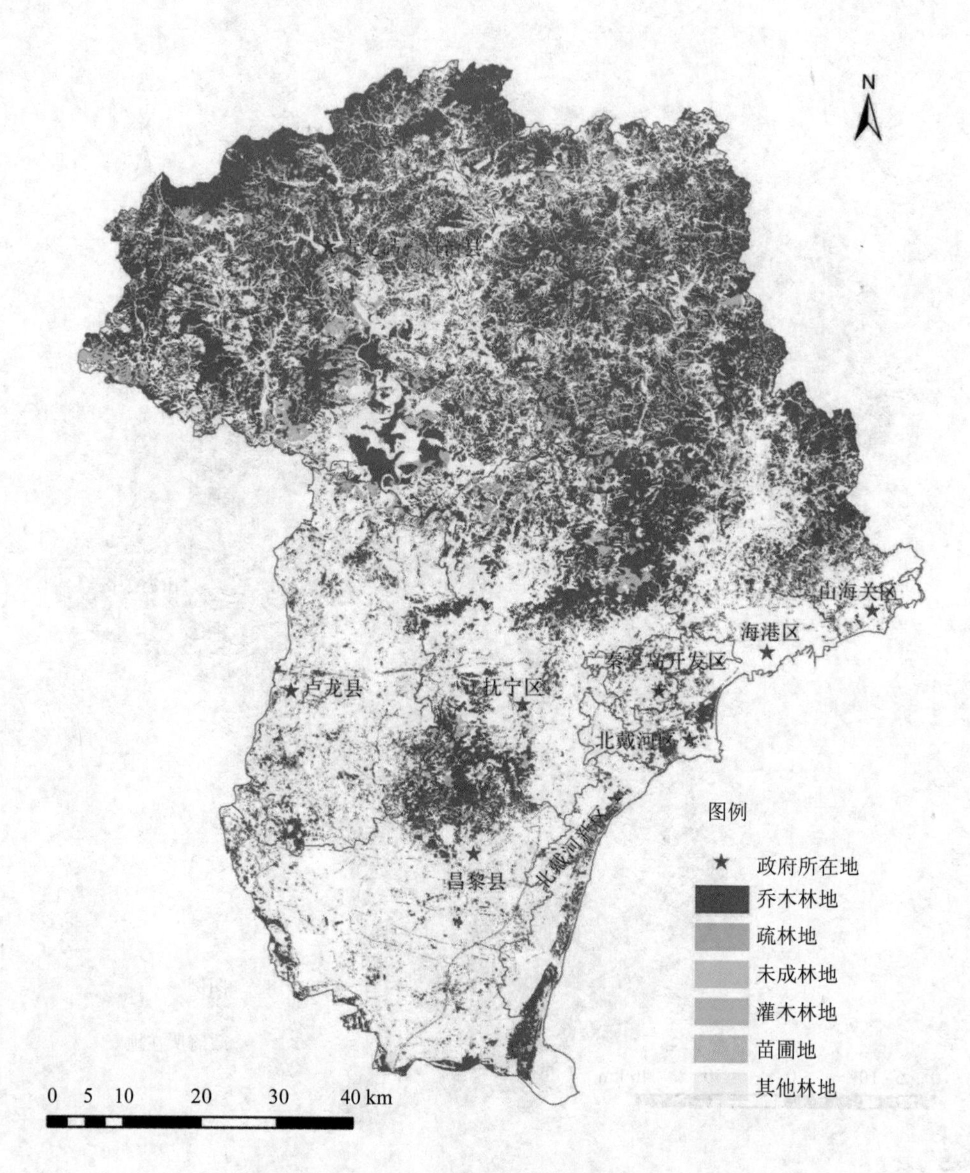

附图 5-2 2015 年秦皇岛市森林资源空间分布图

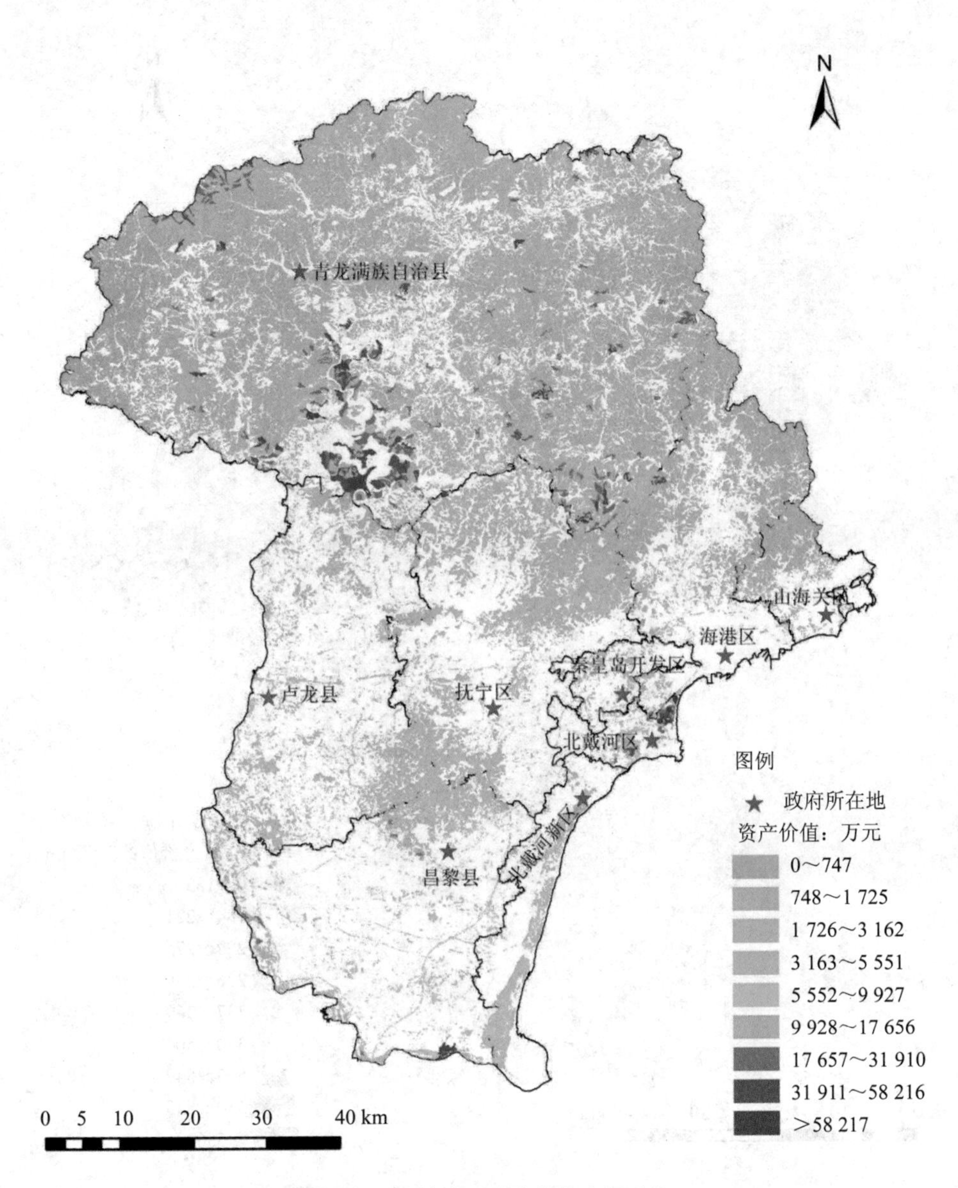

附图 5-3 森林资源资产价值空间分布

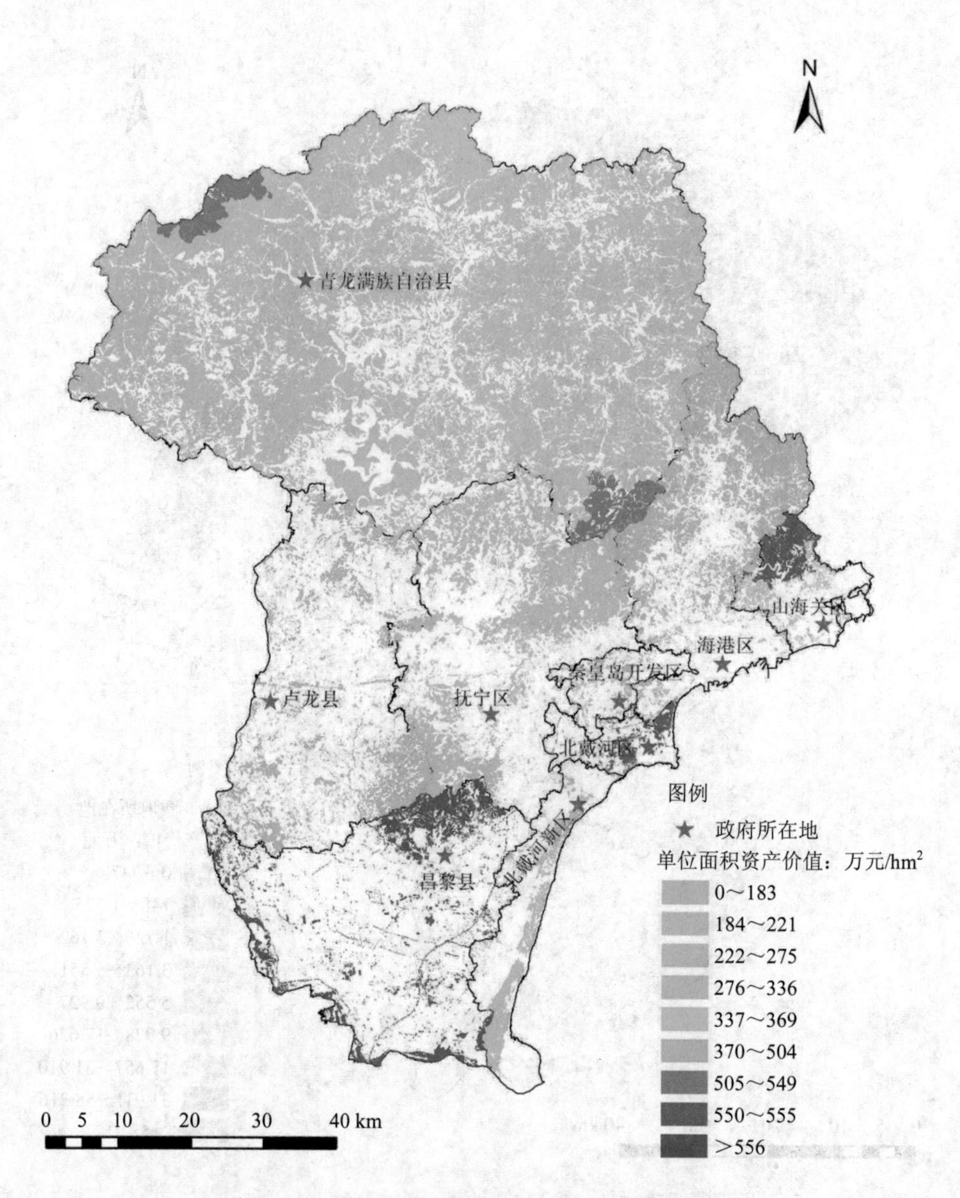

附图 5-4 单位面积森林资源资产存量价值空间分布

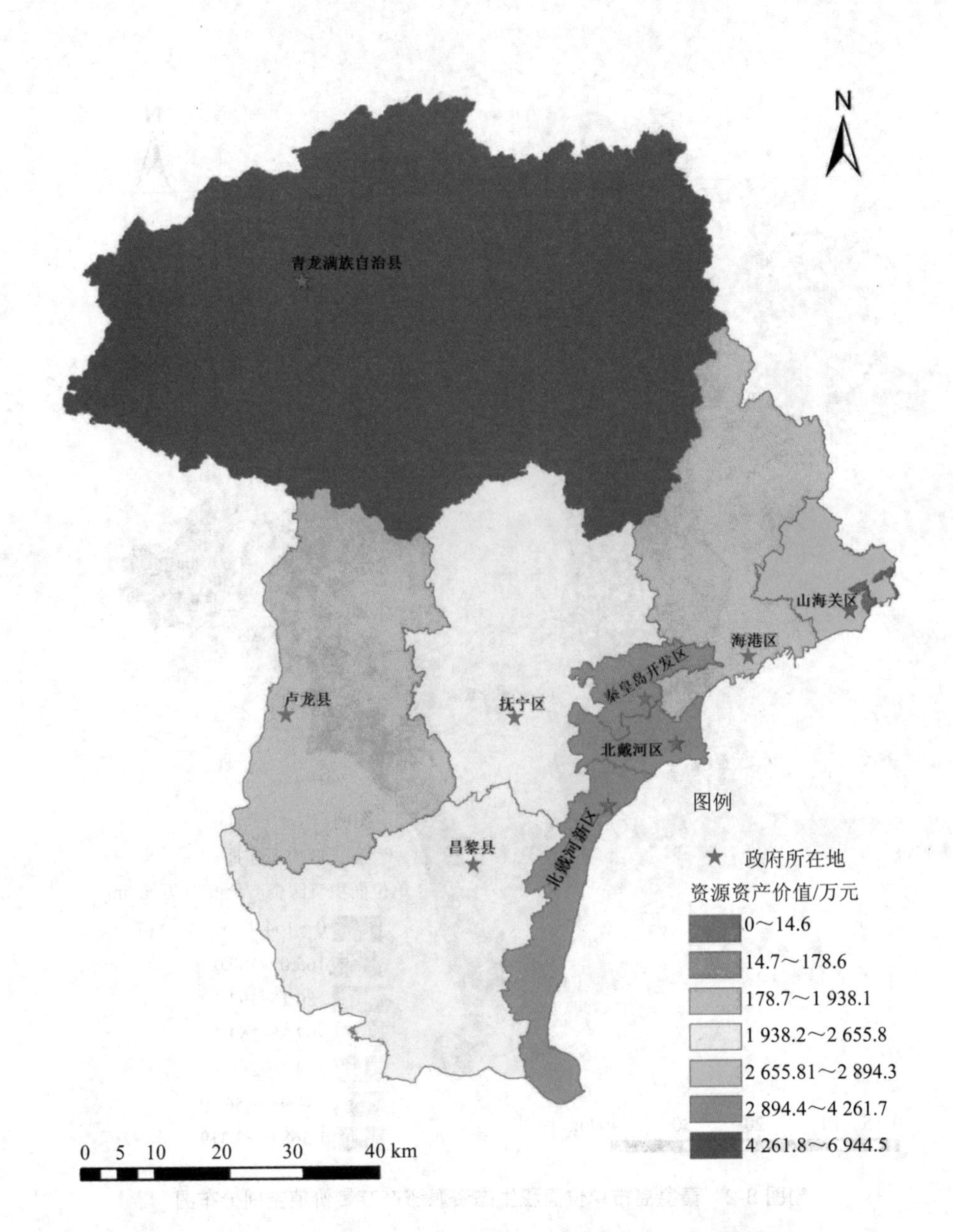

附图 8-1 秦皇岛市生态资源资产存量价值空间分布图

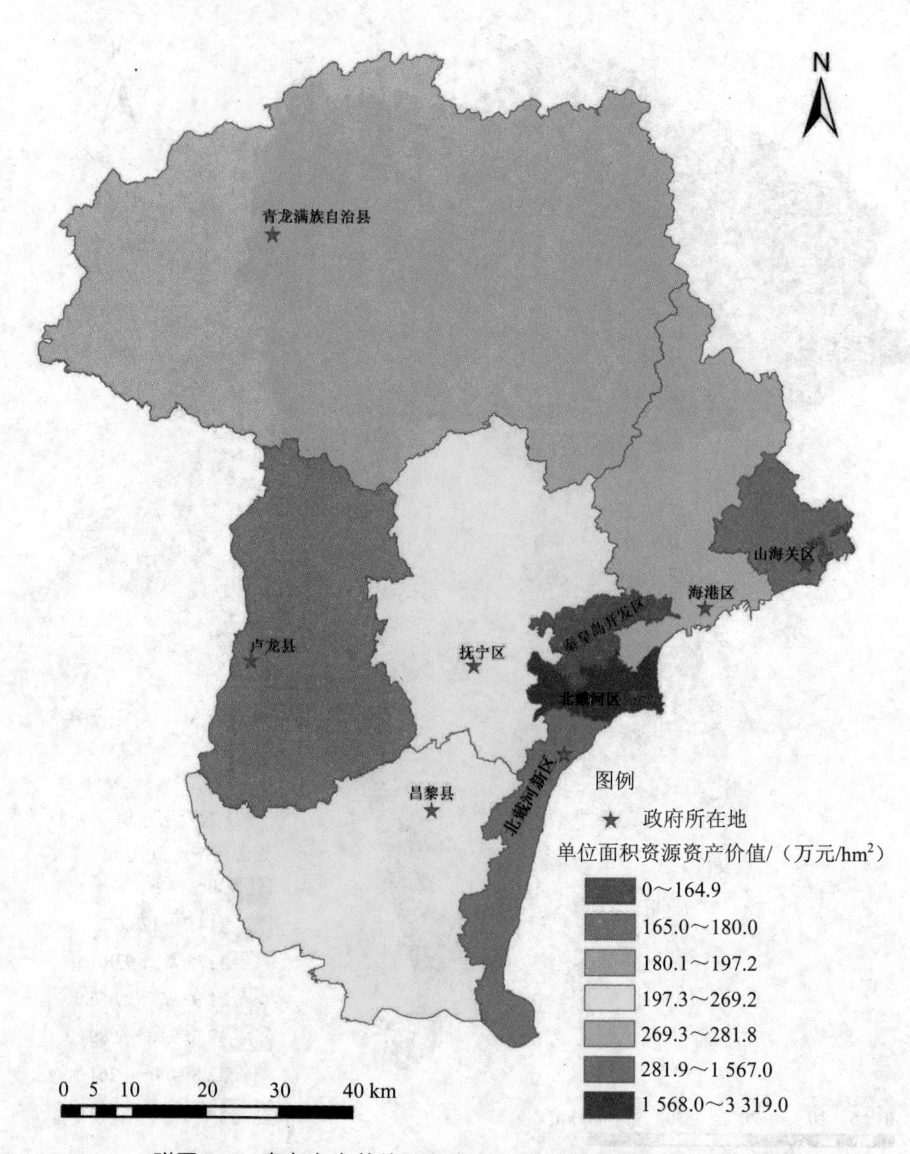

附图 8-2 秦皇岛市单位面积生态资源资产存量价值空间分布图